培养优等生

培养出天才人物

岳墨兰 编

黄河水利出版社
·郑州·

图书在版编目（CIP）数据

培养出天才人物 / 岳墨兰编. — 郑州 ：黄河水利出版社，2013. 11

（培养优等生）

ISBN 978-7-5509-0600-6

Ⅰ. ①培… Ⅱ. ①岳… Ⅲ. ①成功心理-青年读物②成功心理-少年读物Ⅳ. ①B848.4-49

中国版本图书馆 CIP 数据核字（2013）第 275948 号

出版发行：黄河水利出版社

社　　址：河南省郑州市顺河路黄委会综合楼 14 层（编码：450003）

电　　话：0371－66026940

网　　址：http://www.yrcp.com

印　　刷：三河市人民印务有限公司

开　　本：787 mm×1 092 mm　1/16

印　　张 15

字　　数：270 千字

版　　次：2013 年 11 月第 1 版　2021年8月第2次印刷

定　　价：39.90 元

目 录

1.我是谁

被家长忽视的另一种“丢失”

最令家长恐惧的折磨，可能要数孩子的丢失了。有时，我们会看到哭得撕心裂肺的父母，起因是孩子一时找不到了：在逛街、逛商场的路上和孩子失散了，或者孩子在楼下院子里玩着玩着，突然就不见了。失去孩子的恐惧，令许多家庭产生灭顶之灾的绝望，可是在抚育子女成长的漫长岁月中，孩子的另一种丢失，却往往会被家长忽视了，包括我们成人自己的迷失。而造成人生不幸与失败的恰恰与这种迷失息息相关——那就是真正的自我，也就是心灵的我的丢失。

当我们照镜子时，镜里反映出的自己和真实的自己表面上看来是一模一样的，可是镜子只能反映一个人的外形，却反映不出他的心灵。我们对孩子的看管，常常太注重镜中能看到的外形，只要那个外形在我们身边，我们就不会担心，即使他的心灵早就丢了，迷失了，或者从未形成过内心那个重要的我，大人可能也不会察觉；还有一种情况，家长清楚心灵教育的重要性，但对孩子实施的一系列教育又是不符合孩子心性的，这不但不益于孩子健康向上的成长，而且抑制了孩子心灵的蓬勃和旺盛，在孩子被动接受教育时，基本上不会形成强烈的自我意识，更不会具备主观愿望的积极向上，外在的表现就是学习成绩差强人意。我们要知道，没有笨孩子，只有被成人不恰当的教育堵塞了心灵，迷失了自我的孩子。

那么作为家长，如果期望自己的孩子学习成绩优异，长大后能够成为像比尔盖茨一样有智慧、有追求、有财富、有理想、有大爱的人，首先就面临着一个重要的课题——正确认清孩子和自己。

我们可以选择一个寂静的午夜，在家人熟睡后，一个人到外面去，仰望一下星空，浩渺宇宙中繁星点点，每一颗星星都会思考关于“我”的问题吗？我们人类又是否在庸繁的生活中丢了自己？可能这个时候，我们会讶然惊恐，会突然的迷惑，继而会由心底发出这样的声音：“我是谁？”

是呀，“我到底是谁？”我们能准确地认识自己吗？我们能真正地了解自己的孩子吗？当一个成年人对“我是谁”这个问题不能给出完全清晰的答案时，我们就会意识到，关于心灵的教育是多么重要，保护好孩子内在的那个真正的我是多么重要。又会进一步反思，原来我们经历过那么多的困惑与挣扎，走了那么多的弯路，都与内心的迷失息息相关。

帮助孩子正确地认识和看待自己、看清自我与社会、与周边环境的依存关系，是防止孩子迷失于人生途中，塑造真正的自我，拥有成功和幸福的第一课。

想绊倒大象的蚂蚁

只要不是智力有问题的孩子，到了二三岁，基本上都会知道自己叫什么名字、是男孩还是女孩、几岁了等等一系列跟自己有关的常识性的问题，可是这并不能代表一个人对自己有客观的认识。

一只蚂蚁把大象咬了，大象很生气，要一脚踩死蚂蚁。蚂蚁疯狂奔命，情急之下，钻进了一个能容纳下它的小洞穴，可匪夷所思的是，它却把一条后腿留在了外面。原来蚂蚁心里愤愤地想：“小样，看我不绊死

你。”

这只蚂蚁知道它是蚂蚁,可这能代表它切实明白了自己是谁吗?这只可爱的小蚂蚁,要在“动物世界”里真正能够适应社会、顺应潮流,不可避免的,会遭遇一个弄明白“我是谁”的问题。同样,迅速成长中的孩子,整个成熟时期,也都面临一个“自我认识”、“自我认知”的考验和挑战。

如果那只小蚂蚁能清楚地认识到自己与大象的关系,能明白自己和大象在体格上无法抗衡,它就不会痴心妄想试图去绊倒大象。

同样,面对庞杂的商业社会,面对全球化、商业化的时代,我们想要让孩子立于不败之地,有效的方法既不是把他封闭在父母呵护的羽翼下,也不是片面地向他灌输和揭露社会的阴暗面,而是要让孩子正确地认识自己,知道自己在社会、家庭中的位置。

美国心理学家埃里克逊提出一个重要的自我认知概念——同一性。

同一性强调:一个人,若主观认识和客观实际不统一,不能调适好个体与错综复杂的现代社会的关系,那么,自我认识的偏差很可能形成自我评价的混乱,从而造成自我决策的混乱,最终导致行为上的失误与错乱。上述那只小蚂蚁就是犯了自我认识混乱的错误。

在生命的过程中不断认识自我

假如我们在养育自己孩子的过程中,能够对自己从幼童到成人的成长过程有所回顾和剖析,我们会发现不仅是孩子,许多成年人仍旧对自我没有客观正确的评定,而造成这一状况的根本原因,恰恰是在我们的童年,父母对我们这方面的教育是缺失和偏颇的,我们长大后,又没有意识到应该自我教育、自我认知。而在商业社会的环境压力下,我们有时也难免迷失自己。

在成人的世界里，自我认识混淆，或者单纯追求物质，或者只注重精神的修为并不是罕见的现象。“我”是由多种元素构成的，我们缺失了任何一种元素，或者偏执地追求某一种元素，都有可能导致个人的、家庭的、社会的悲剧发生。

屈原是中国民间最受敬仰和爱戴的诗人，《离骚》、《天问》、《九歌》无不洋溢着为民报国的抱负和激情，可他最终的归宿却是在绝望和悲愤之下怀大石投汨罗。这和他过于偏重精神上的纯洁和浪漫的个性不无关系。朝饮坠露，晚食落英，那种把纯粹的精神奉为至高无上的终极目标的个性，使得屈原将自我认识和自我约束推向了一个不被当时社会所容忍的极致，满腔的报国情怀结果只能付诸东流。

我们在生命的过程中，经常会不自觉的放大自身地某种个性元素，然后把这个部分的我，当成了整体的我。

在现代社会中，像屈原这种放大精神之我的并不多见，而放大物质我的比比皆是，张口闭口，满脑子想的、围绕着的都是钱。诚然，我们现在面对的社会越来越现实，拿钱衡量一个人成功与否无可厚非。但是，如果把钱当成终身唯一的追求目标，却是把自己的生命价值和丰富性降低了。

现在年轻人崇尚时尚的 BoBo 一族：“像资本家一样有钱，像艺术家一样有闲”也不失为现代社会压力下的一种理想的选择。其实，在商业社会所产生的巨大生存压力的另一面，也为人们特别是年轻的一代提供了无数的创新机遇。我们只要能整体而深刻地认识自我，最大能力地调动自我，完全有可能达到有钱、有闲、有雅兴的境界。很多年轻创业者的成功，恰恰是在自我认知上把握准确。

回到孩子教育的问题上，我们会发现一个本末倒置的奇怪现象，我们培育孩子，终极的目标其实是希望他一生幸福。但是，在整个教育的过程中，我们的目标却不知不觉地偏移了，或者说一下子降格成单一性的了，变成了学业至上、学习成绩至上。好像几张成绩单，较好的考试名次，就能保证孩子一生的幸福与成功。

这种对孩子的导引，其实是家长自身认知上的习惯性误区，反映了为数不少的家长只能被动承受各种社会环境压力，而对积极面对商业社会的新情况、新思潮缺乏勇气和应变能力。长久下去，孩子长大后又会重复某些我们走过的老路。片面地认识自我，只会喋喋不休抱怨社会复杂、人心险恶，却找不到挑战现实的制胜法宝。

因此，家长要较为清醒地认识到，在孩子的幼年乃至青少年时期，塑造孩子正确认识自我、适应社会的坚强人格的关键其实在于家长的“观念”和“认知”。

孩子，包括家长自己的自我认识、自我教育，是每一位家长必须给予正视的、至关重要的必修课。无论我们自己怎样成功或者并不出色、无论我们自己有如何骄人的名望、地位和财富或者如何艰辛地挣扎在求生存过日子的贫困线上，我们对后代所寄予的期望都是相同的。而开启孩子幸福之门的第一把钥匙，恰恰是由父母传递到孩子手中的。

因此，我们不能盲目地一代一代复制着传统的观念和教育模式，而不思考和求变。因为时代在变，时代对于每个个体生命的要求也在变。

生命的过程其实就是一个不断认识自我、确立自己与社会人群相互关系的过程，我们越早对自己、对子女有客观准确的认识，对孩子的成长就越有益处。

不知道天高地厚的小孩子

迟书雁：我们每天腻在一起玩游戏，还在过家家的时候扮过夫妻，甚至有非他不嫁的誓言。可惜天不遂人愿，我 7 岁那年，举家搬迁，只好

和他伤离别。

八岁那年的春节，爸爸、妈妈领我回那个小县城走亲戚，我没有忘记自己的小情人，偷偷跑出去和他约会。后来，爸爸妈妈着急赶火车，却找不到我。妈妈很聪明，猜到我是去会“他”了。于是他们把我逮了个正着。

爸爸把我从他家里拎出来，像逮着一只可怜的、渴望自由的小鸟。爸爸踢了我一路，我嚎哭了一路，不仅因为屁股疼，还因为生离死别的伤痛，因为我不明白自己为什么要挨揍。

在这个问题上，童年的我和那只蚂蚁一样，我不知道自己是谁，也不明白量力而为。

我能如此的大胆，是因为我不懂自己与所处环境的关系，更意识不到我行为背后的隐患。在这种情况下，我被父亲一顿拳脚相加，简直是委屈至极。所以，这次的经历直到我成年后仍然无法忘记。

现在的我肯定明白，当年父亲打我是出于对我的关心，怕我走丢了，怕我遇到危险。但是一个小孩是没有智慧理解“打是亲，骂是爱”的，我切实的感受只是畏惧。

做家长的，出了一次类似的事情，肯定会对孩子说：“以后不准乱跑！被人拐卖了怎么办？被车撞了怎么办？”我们举这些反面的例子对孩子的作用是零。因为他不相信自己会遇到危险，因为她觉得自己很行，根本的原因还是得回归到她不知道自己是谁，不知道自己与环境的关系。

如果我们不在根本上解决问题，仅是说教，仅是寸步不离地监护，结果往往会适得其反，使孩子从心理上反抗你，使他一有机会就要逃离大人的视线，做出让我们更加担心和伤心的事情。

其实我们人类每天都在面临着这样那样的危险，但是只要我们明白了我们与客观环境的关系，就会自然而然地规避很多风险，做到自我

保护。

童年的我，让父母生气的是没有征得他们的同意，就擅自跑了出去。从父母的角度看，我极不尊重他们，可是当我还是一个孩子，当我还没有弄清楚自己是谁的时候，不知道自己所处的环境、与他人的关系，就很难按成人的思维和规则去行事。

在我们的眼中，孩子所做出的事情不可理喻，而在孩子的眼中，大人的说教也着实让人难以琢磨。

他不明白，为什么我们可以独自去上班、去任何地方，而他就不可以。

他不明白，即便是成年人在生活中也会受到这样、那样的制约和规矩，有的孩子特别盼望长大，就是因为他觉得大人是自由的，而孩子是受到束缚的。

当一个孩子不明白自己是谁，只感到自己受到束缚的时候，就容易让自己处于一个危险的境地。而造成这种心理的根本原因，就是他并不懂得与周围其他人的关系。有些孩子，单纯到对自己与环境的关系，一点意识都没有。我们不要以为小孩子会有与生俱来的本能对自己所不懂的事情，会随着年龄的增长慢慢明白起来。我们要认识到，有些问题，必须直截了当地让孩子知道并认清现实。

“笨小孩”

让一个孩子明白一个道理，不是一件简单的事情，不是说了一次就算完了。生活中我们常常会听到父母与孩子这样对话。

“妈妈把道理全都讲给你了，你明白了吗？”

“哦，明白了。”

我们不要以孩子口头上的明白为标准，而是要根据孩子的行为和反应去判断孩子对一些生活的道理或者知识是否真正掌握了。孩子常常因为害怕家长的训斥或者同伴的笑话，明明实际上心里还糊涂着的事情,却搪塞说都“明白了”,然后我们就觉得她笨。我们不要随意责备一个还没有弄明白问题本质的儿童。

告诉孩子一些我们认为很简单的道理也要耐心，因为一些我们熟知的生活常识,对孩子来讲可能是完全陌生的。另外,不要把简单的训导和教育复杂化，笨小孩和喜欢搪塞的小孩都可能是我们的教育语言和方法晦涩难懂造成的。

迟书雁:有一次,晴晴问我:“老师,写作文最重要的是什么呀？”我只是告诉她:“就是把你要写的事情写清楚。”

一个九岁的小女孩,你跟她讲立意、讲中心思想,讲文章结构......只能越讲越让她迷糊,越让她畏惧写作文,越让她觉得自己笨。

每个小孩都有自己的天分,每个“笨小孩”都是家长和老师“悉心”教导出来的,这种浅表上的“笨”,实际上是孩子已经迷失自我的一种征兆了，如果这时我们不悬崖勒马，很可能导致孩子一辈子都认不清自己,常常感到挫败与恐慌。

把与孩子的关系社会化

“孩子,你是我的宝贝！”这种句式是一种从属关系,我们潜意识里把孩子从属于自己了,无论一个生命暂时有多么弱小,其实他都是一个独立的个体,父母与孩子的关系,是孩子作为独立个体与所处环境发生的一种关系,一种在他童年里最为重要的关系线,但这种“重要”会随着他年龄的增长渐渐产生变化,变得不重要了,甚至变成了一种负担。

我们的童年基本上都是在这种重要的线的牵引下长大的，辅助线是:玩伴、同学、老师。

这种种关系线，是需要不同的方式去维护的，如果我们一直强化孩子是自己的从属，那么他感受最强烈的关系线，最能牵动他内心的，就是家长与孩子的这条。况且，孩子在学龄前，仅仅有的只是这条线，我们家长就要有智慧处理与孩子的关系。如果仅把他当成自己的孩子呵护，他就会觉得这个世界上的任何一个人都要像家长一样对待他，如果他在其他人那里得不到父母一样的照顾，就会产生强烈的不适感。所以，父母与孩子的关系线，必须跳出传统的模式，我们怎样处理社会关系，就应该怎样处理与孩子的关系，把家庭关系社会化、技巧化。

比如，我们在给予孩子的同时，也需要他付出；我们对孩子的最大照顾，其实是教会他自立；我们不能一味地给孩子笑脸，有时候也需要冷峻甚至是冷落。小孩子是最受不了冷落的，但做家长的首先要有这样的意识，那就是往往只有一个人时常体会孤零零的感觉，才会有强烈的自我意识。

这就要求在孩子三岁以后，就得试着与他分床，不要让他在爸爸、妈妈的怀抱里长大，但是一个小孩在脱离母体后两三年就要求他独立应付一些事情是有些强人所难。所以，在三岁到七岁的这个年龄，一周的时间可以只安排一到二天让他独处，其他的时间还是由成人照料。但是照料不是溺爱，更不是我们给他什么，他就得接受什么。我们既然强调把与孩子的关系社会化，就得征求他的意见，时常问他，“这件事，你怎么看？”这样的问题，会让他思考，更会让他有强烈自我存在感，而不是依附感。

我们在生活中若处处都给孩子提供“我是谁”的锻炼机会和展示平台，渐渐地，孩子心中那个内在的“我”就会逐渐清晰和强大起来，并且会表现出热情、聪明、向上的一面。孩子若在童年就能与环境、与周围的人很好地融合，他长大后就不容易迷失自己，而会更加自信从容地在人生的大舞台上演绎辉煌与和谐。

2.爱自己

爱会变成枷锁

我们国家一直以来的传统教育是讲求仁爱的,是讲求先爱他人的,甚至是舍己为人。

“香九龄,能温席,孝于亲,所当执;融四岁,能让梨,悌于长,宜先知。”《三字经》里的这两个故事是教育孩子要懂得奉献和谦让,要懂得爱他人,懂得长幼有序。但书本里的说教若脱离孩子们在日常生活中的真实感受与体验,往往显得空洞无力。

一个婴儿来到世界上,首先接受的是父母的爱和关心、是这个世界所给予这个幼小生命降临人世的重视。倘若孩子感受不到自己被关爱,那我们又怎么去教他爱别人呢?

在当代中国的常规教育中,我们仍沿袭着“长幼有序”的传统。家长可以教训孩子,但是孩子不应该反驳家长,否则就被视为无礼。小孩子基本上没有发言权,即使是在一胎化政策下成长起来的独生子女,孩子实际上也只是处于一种被动接受和服从的“从属地位”。诚然,所指的地位不是物质地位,从表面上看,现在孩子的地位在家庭里是第一位的,恨不得一家人都围着孩子转,几代人都忙着照顾他。

20 世纪 80 年代, 甚至出现了一个专来比喻孩子的词——小皇帝。但倘若我们对现实加以更深入的观察,我们会发现:其实这个小皇帝并不好当,充其量也是个傀儡皇帝。他不能有自己的想法,一切都要听大人的。表现在他的学习方面更是没得自由、没得商量的。

这样讲,一些家长也许会反驳。因为从家长的角度看问题,的的确确为孩子付出了太多。

哪一位家长不爱自己的孩子呢？哪一位家长不想把全部的爱奉献给孩子呢？

但是，当我们奉献爱时——如果是有条件的，甚至附加了许多条款,那么在错误的观念诱导下的爱有可能变成一种枷锁、一种羁绊,变成束缚孩子创造力和爱的能力的牢笼。

糊涂的爱

我们家长就是这样爱我们的孩子吗？

用我们老祖宗遗留下来的方式,来“爱”我们的孩子。

可怜的孩子感受到的爱又是什么呢？

是让他糊涂的一种情感。

尤其当我们剥夺了他的某种权利时,再附加一句:“这是为了你好！你长大就会明白的！”这句话是家长使用频率最高的,也是让孩子最糊涂的。

等长大!

虽然时光如梭,但长大其实是一个漫长的过程,我们忍心让孩子带着解不开的谜团去成长吗？况且这个谜团长大也未必就能解得开。

孩子的这种疑问积攒多了,心理方面就容易出现一些问题。

在大多数孩子眼中,爱是单方面的,是父母给予自己的冠以爱的名义的束缚;爱完全被大人对孩子单向的规范约束的行为,变成了另一种含义。

在这种情况下，我们再要求孩子学会爱他人，尤其是爱长辈，那岂不是难度很大？

孩子最擅长的是模仿，大人的爱在孩子的眼中若是模糊不清的，那他该怎样去模仿呢？

当我们训斥他时候，我们告诉他这是“爱”的一种方式，与天冷的时候给他加一件棉衣、生病的时候给他喂药一样都是爱。

但我们却忽略了一点，这截然不同的“爱”，在孩子的内心，却是暂时理解不了的。

迟书雁：我小的时候，有一年开春，我生病了。

爸爸给我买了几斤冻梨，因为天气暖了，冻梨都化了。而我却觉得那冻梨是我此生吃过最好吃的水果，这是爸爸爱我的最直接的表达方式，我一直都记在心里。

当我长大后，和爸爸讲起这件事，爸爸却说，一点印象都没有了。他记得的是，他有一次感冒，我围着他团团转，焦急地说：“爸爸，这该怎么办呢？”

可以说平时那么细心的爸爸和生起气来打我的爸爸，童年的我是无法把他统一起来的，我觉得那就是两个人，不是一个爸爸。

很多时候，我也怀疑这份父爱，因为父亲打我时愤怒的表情，让我一直都忘不掉，在我的心底，曾经对父亲的确有恨意，可明明父亲是爱我的，甚至每次对我的毒打也是因为爱我，可缘何在我的心里留下抹不灭的阴影？是因为我理解力的狭隘吗？

我们不应该轻易否定一个可怜的孩子，也不要去随意责难一个可敬的父亲。

即使是二十几岁后，我仍然不明白，直到我做了老师，每天和孩子在一起，和孩子的家长畅谈。才能客观地分析我与父亲之间的关系，才相信父亲是真正爱我的。

所以，我特别不希望现在的家长再用我父亲的那种方式爱自己的孩子，因为那样会让孩子对他爱恨交加，甚至直到成年，也不能完全地爱自己的双亲。

我的学生Z的妈妈是那么爱他，可是有一天他却眼泪汪汪地对我说："我恨她，她总是威胁我，我最讨厌她威胁我！"

是啊，我们大人常常威胁孩子，可我们却浑然不觉。

"你再不听话，妈妈就不要你了！"

相信这句话，很多妈妈在生气的时候都说过，我们说的时候只是一种情绪，我们不可能不要自己的孩子，可这对孩子的伤害是多大，我们考虑过、反思过没有呢。

这种欠缺理智的、"信口开河"式的命令教育，会产生很多矛盾，甚至是悲剧。

我们不要再重蹈覆辙，一定要孩子清楚，我们真的是爱他，百分之百的爱。

要做到这一点，做家长的，首要的一条就是要懂得正确的爱的表达方式。只有父母把自己心中的爱变成孩子能够理解和接受的方式传达给儿女了，我们的孩子才能真正清楚地体验到来自父母的关爱，也才能学会真正的爱。

爱的方式的不得体，并不是我们不想给予孩子父母的爱，更不是我们不爱。父母和孩子之间，谁都没有想故意去气对方或伤害对方，因为天性使然。但是，粗糙传统的、一成不变的教育方法和训诫口吻让父母的爱变了质，甚至变成了一种伤害，也让孩子对爱产生了曲解。

我们需要做的是要清醒地审视我们千百年来传袭下来的教育模式。

那些错位的"爱"的方式是需要进一步审视和反省的。

一个孩子到了11、12岁的年龄，甚至更早，就开始出现早恋的可能。

如今早恋似乎成了愈演愈烈的现象。这种现象一方面是由于随着现代社会营养的普及、身体发育期的提前;另一方面也可能是因为在家里在父母那里缺少一种爱。孩子若在他们最需要父母得体的爱的阶段,却感受不到那种实实在在被爱的感觉,很可能就会“另辟蹊径”。这就是为什么不少孩子宁愿跟同学说心里话,却不愿跟父母沟通的一个原因。

因为家长给予孩子的爱似乎都是有条件的，从孩子的角度看完全变了味,孩子把家长的爱曲解了,他甚至觉得家长不是爱他,而是爱他的听话,爱他考的好成绩,爱他的附加条件,而他本人却被忽略了。

这种有条件的爱越多,孩子的心理就会越冷漠,他感受不到一个生命对另一个生命无条件的喜欢,至少在家庭里是这样。他只好到外面去寻找温暖,更为严重的是,这种无意识的做法,这种我们习惯的“激励”孩子的做法,会接二连三地起到负面的连锁反应,孩子除了认为家长不爱他外,还会认为学习是父母的事情,是给父母学的,与自己没有关系。

一方面家长迫切地希望把孩子管好,愿意付出一切去爱他;另一方面,孩子感到的是来自于父母的压力,甚至是无法承受的压力。

这既不是做父母的错,更不应该是子女的错,错的是一些传统的家庭教育观念。

社会就是人与人之间的关系构成的,家长和孩子之间也一样,是一种依存关系;那么爱,首先也是一种关系,彼此感到爱,才是真正的爱,单方面的爱不一定是真正的爱。

一个男人或一个女人一厢情愿喜欢某位异性是单相思；而家长单方面地去爱孩子,如果这种爱的方式不适合孩子,那就演变成了强迫性的爱。

当孩子感受到父母给自己的爱掺杂着其他的色彩时，他就不会是一个善于爱别人的人,尤其是长辈。“不肖”孩子常常就是在这样的状况下出炉了。

所以我们希望孩子是一个会爱长辈的人，那么我们首先得做好榜样，让他明白什么是真正的爱。切不可像一首歌里唱的，“这就是爱说也说不清楚，这就是爱糊里又糊涂……”

在我们家长的眼里，或许爱并不重要，是不用教的，是人类一种与生俱来的自然情感；学习却是要煞费苦心去付出和经营的。其实客观事实与我们的传统习惯恰恰相反，爱是一门相当复杂的学问。当一个孩子弄不明白什么是爱时，他更弄不清楚学习是怎么一回事儿？无论我们看得多么严，他的学习成绩也可能会一塌糊涂，并且伴着这种学习上的糊涂，其他的方面也相当糊涂，甚至糊涂到影响一生。我们让孩子受教育，是为了让他体面地生活，而当他连什么是爱都无法正确感受和理解时，往往事与愿违。

13岁的女生雯雯，被三十多岁的男人性侵犯，居然给强奸犯写了十封情书。

阿华：我爱您，您想我吗？我们现在虽然不是夫妻，但是以后我们会结为夫妻。我希望和您白头偕老；阿华，给我回封信好吗？就算我这个老婆求您了……

当记者采访雯雯，问她什么是爱，你懂吗？

她回答说：“反正看电视里面你爱我，我爱你的，就认为这是爱。又认为那个强奸她的男人有的时候对她挺好的，因为他给她买冰淇淋吃。

雯雯的父母每天都忙生意，很少有时间来陪孩子，又觉得孩子年龄还小，什么都不懂。通过这个实例，我们做家长的就该清楚了，让一个孩子明白什么是爱，让他体会到来自于父母的不带任何附加条件的爱是多么重要。

尤其是让孩童懂得爱自己，应该是人生最重要的一课。

如果不是父母一贯以来的做法让孩子误会了曲解了爱，雯雯根本不会为“冰淇淋”感动，更不会对表面上讨好她的强奸犯产生好感。

就是因为雯雯对爱是糊涂的，以为爱就是他人对自己“好”，才发生了这场“荒诞”的悲剧。

爱是做“人”的基础

我们爱自己的孩子，莫不如教会孩子爱自己。

我们想让孩子懂得长幼有序，一遍遍问他长大后赚钱给不给自己花？给不给自己养老？实则上都是一种有条件的爱，一种互为交换的爱。

中国的传统，就是养儿防老。而实际上，每一个人虽为社会的人，但又都是独立存在的，一个生命几乎没有可能为另一个生命负责，尤其是负责到底。

我们年轻的家长，已经意识到了这一点，我们新一代的家长，其实是很有智慧的。那么，就让我们满怀着对自己缔造出来的小生命全部的爱和感激，像一个“上帝”一样把他养大成人，在这个培育生命的过程中教会他该如何爱自己。

一个会爱自己的人，才会爱他人，才有条件和能力去爱他人；一个不会爱自己的人，很难理解他能正确地去爱他人，一个连自己对爱都“经营”不明白的人，对他人的爱更可能流于口头和表面。

爱是做“人”的基础，没有“爱”就不能称之为人。清末民国时期中国人落后挨打，就是因为不善于“爱”自己，逆来顺受、任人欺凌，那是对自己生命尊严的不珍爱。

随着中国整体经济实力的迅速提升，中国人在全世界受尊重的程度日益提高，中国人也逐渐找回了自尊、自信和自爱。尤其是年轻的一代，几乎没有任何包袱地就从传统的蒙昧、无知、怯懦、伪善中穿行而过，理直气壮地学着爱自己，也爱他人。这次四川汶川的大地震，中国民间所爆发出来的前所未有的爱心，特别是以往被“老一辈”看成自私、狭

隘代名词的“八零后”、“九零后”的出色表现，明确地显现出当代中国“爱”的观念和“爱”的教育的进步。

大部分的中国人已经觉醒了，可惜，偶尔我们还会听到让自己的同胞心寒的声音：“中国人就是差劲，人种不行，骨子里就比不上西方人高贵。”这样的话，绝不是从西方人的口中说出来的，而是地地道道的中国人，当他大言不惭地骂自己的时候，当他把骂自己当作一种觉悟和高雅，当作与西方人为伍的资历的时候，只能让更多的中国人感到心痛和汗颜。仿佛他不是中国人。瞧不起自己是部分中国人的通病，当然这也是教育的结果，当他还是个小孩子的时候，成人就教育他瞧不起自己，还把这种贬低自己的行为当做谦让，渐渐地，当这个小孩长大后，骨子都变软了，只会向别人点头哈腰，一味地谄媚。

可是，我们必须认识到，这不是我们中国的文化，不是我们中国人的痼病，只是错误的教育的结果。我们在教育下一代的时候，一定要彻底地摒弃这种丑化自己的教育思想。哪个人不愿意往自己的脸上抹粉、贴金呢？只是我们把某些劣根性当作了粉和金。

只有爱自己的人，腰杆才会挺得直，只有爱自己的人，才会有意识让自己变得优秀和强大，继而去爱周围的人，当他有更强大的力量时，才会爱更多的人。对于一个孩子而言，爱自己的意识，也就是他积极向上的动力，当孩子懂得了爱自己，只有爱自己才最稳固，不必伸手向别人乞求爱的时候，他才是最安全的。

3.爱值得爱的人

正确的“爱”的观念

我们不能因为是孩子的爸爸、妈妈，就要求他无条件地来爱我们，而是应该教他树立正确的“爱”的观念，首先，做父母的自己心里要清楚，并非单纯倚仗血缘，以为父母和孩子的本能就是相亲相爱。我们的传统和习性，常常把我们引入一些误区。

我们在日常生活中常常犯这样常识性的错误，两个小朋友吵起来了，即使妈妈当着外人批评了自己的孩子，但是心里还是认为孩子没错，那种批评只是表面上的，回到家里可能还要安抚一番。

宋国有个大款，因为雨下得太大了，把墙砸塌了。他的儿子说：“如果不赶紧把它修好，可能会有盗贼趁机来偷东西。”他邻居的老头儿也这么说。到了晚上，家里果然丢了很多东西。这个大款，一边称赞自己的儿子聪明，一边怀疑邻居家的老头儿。

《韩非子》里的这篇小寓言故事形象生动，面对同样一件事情，两个人提出了同样的建议，可结果一个得到了赞扬，另一个却遭来了怀疑，如果那个老头儿知道了大款邻居的想法，不把胡子气翘起来才怪，好心的提醒，居然成了“犯罪嫌疑人”。宋国大款带着强烈的感情色彩把自己的孩子“捧上了天”，把邻居老头“踩在了脚下”。

一个四年级的小朋友，期中考试语文得了 97 分，其中一项扣分的是词语填空,她把虎啸“生”风写成了虎啸“声”风。小朋友说老师没教过这个词，于是妈妈替自己的女儿打抱不平:“书里没有的题，就不应该考。”话音刚落,女孩就在语文课本里找到了这个词语,也记起了老师其实、是教过的。

宋国大款和小女孩的妈妈都是爱自己孩子的，只是爱到了不辨事实、不辨是非的程度,这样的做法我们都可以理解,但影响和后果我们仔细想过没有呢?

凡事都要尊重事实，而不是根据他人与自己关系的亲疏远近做判断,凭个人感情主观地去辨别是非,结果常常未必是正确的。这种情感与现实的“脱节”,起因不是因为缺乏爱,而是缺乏正确的爱的观念。

迟书雁:我的爸爸也是这样,有一次,我跟他讲有人说我长得像宁静,我以为老爸能高兴,没料到,老爸急眼了,“你才不像她呢！你比她漂亮多了！”我瞅了瞅周围,幸亏没有别人,更没有宁静的粉丝。

天下的父母,都是爱自己的孩子的,甚至爱到捧在手心里怕掉了,含在嘴里怕化了的程度，但是在整个人类被越来越商业化的趋势所笼罩和污染、在人类越来越自我的竞争趋势下,我们似乎更应该对褊狭和盲目的爱有所警惕。

我们教育孩子不是看当下,而是看未来、看发展。如果我们一直都偏袒自己的孩子,认为他是天下最好的,谁也比不上,那么他很难学会客观地看待、分析和处理问题,特别是很难真实而准确地看待自我。

一个 18 岁情窦初开的少女,爱上了一个赌徒,说来原因可笑,因为她很崇拜那个赌徒,那个赌徒“糊哪张牌”都知道,简直神了。在她的眼中,这就是最厉害的人。她会有如此啼笑皆非的爱情观,究其原因,是在她的成长过程中,没有人教会她正确的爱的观念。

作为家长,自己首先要有清醒的认识,那就是自己孩子的成长和成熟,是一个逐渐认识社会,认识社会上形形色色的人的过程,孩子的洞察力和辨别能力不是天生的，而是后天经过一系列事情以后，逐步成熟起来的。因此，树立起正确的“爱”的观念才是根本的，而不是单纯的宠爱和偏爱。

严管孩子忽略自己的后果

可能有的父母会这样想：“我不要求孩子爱我，只要他自己过得好就行。”

也许数十年前，我们的父母就是这样想、这样期待我们的。

那么，这个“过得好”的标准又是什么呢？答案千变万化，但万变不离其宗，就是物质生活有保障，不用为生计发愁，不用为赚钱操心。

那么当代社会，要想有一定的社会保障和物质基础，做家长的望子成龙的思路仍然脱离不了“书中自有黄金屋、书中自有颜如玉”的古训。对子女的基本要求，首先就是抓学习，抓分数，考大学，大学毕业，找份好工作。因此，父母作为学生家长，其大部分注意力，集中在孩子的分数上面。

把眼睛盯在孩子的成绩上本身没有问题，但只注意子女，忽略了自己，问题就大了。

在紧张的社会环境压力下，人们容易忽略一个问题，那就是我们究竟关注的是事情的过程呢还是事情的结果。当家长一味表现出很在乎孩子的学习成绩时，张口闭口都离不开考试成绩、以分数来决定对孩子说话的语气态度和奖惩的状况下，孩子的思路就容易发生一些偏差，他的脑海里可能想的不是应该如何学习，更没有心思发现学习的乐趣了，而是直接想到“分数”引发的“结果”。

考不好，会遭到父母的批评训斥，会失去爸爸妈妈的爱，孩子越是这样谨小慎微，就越不容易在紧张的状态下，对读书表现出发自内心的

乐趣。

这样一来，整个家庭里都被孩子的学习任务搞得紧张兮兮的。孩子一想到学习，表现出来的就是被迫和紧张。我们常常会碰上这样的怪现象，越是学习成绩差，越是问题学生的父母，仿佛付出的就越多，尤其是做母亲的会抱怨："我为了他，什么都不做了，天天看着他学习；可是我不让他上网，他偏上；我不让他打电话，他跟同学煲起电话粥来没完没了；我不让他看卡通书，他想方设法，就是打着手电筒在被窝里也要看；我不让他早恋，可是他偏偏早恋……"

而为数不少考上名牌大学的学生父母，采用的却是："我只是引导和激发小孩的学习兴趣，具体学业上基本不怎么管他，让他自由发挥"的方法。

越是管得紧的学生，反而差，越是不管的学生，成绩反而优秀的事与愿违的情况，很重要的一个原因，就是当一个家长把所有的精力都关注在孩子学习成绩上的时候，他忽略了自己，忽略了自己在社会中的定位、形象、价值和存在。

家庭是孩子最重要的"世界"，在孩子的视角看来，生活就是"家里"这样的。家长对孩子的影响，榜样的作用明显大于训诫。因为在孩子的心中，当他爱自己的父母的时候，同时也接受了父母的全部德行，正因为如此，父母的言传身教至关重要。我们不能苛求家长完美，人无完人，而是要提醒做父母、做家长的，要有一个认识，那就是能明晰自己的位置，不要为了孩子而放弃自我，包括自己的社会工作和社会位置，无论孩子的眼中有多少的榜样，至亲的人都是对他影响最大的。

他每天看到一位无所事事的家长，和看到一位积极向上的家长，结果会迥然不同。

这就是不怎么管的孩子反而优秀的秘密之一，不怎么"管"孩子的家长，通常注意完善自己，出色地完成自己的工作，为子女做了典范。当孩子看到这样的父亲、母亲,那种敬业精神直接给了孩子正面的影响,他当然也要像父母那样努力地去学习,所以孩子成才与否,不完全是严厉看管的结果,更不是说教,而是我们做给他看。我们做的,远比说得有效,身教胜于言传。

我们在教育孩子的过程中,其实也是在自我教育;我们在教孩子爱,同时也要爱自己,更要把自己变成值得爱的人。家长们,如果我们忽略了这一点,那就重视起来吧。要想让我们的儿女出类拔萃,我们自己就应该以积极的态度,面对这个越来越复杂的社会。

付出爱也要得到爱

作为人类,幸运的是我们有爱,一个生命的个体可以向另外一个生命的个体传达这种情感体验。这本来是人类最美好、最伟大的感情。然而,在现实生活中,爱往往像一块变质的蛋糕,咽到肚子里,并不是那么舒坦,甚至有口难言。

爱往往被人们演绎成了单一付出的情感。

有的人讲真正的爱是不需要回报的。可是爱值得爱的人,他一定不会一味地索取,也会奉献他的爱,这才是真正的爱的关系。

让孩子明白这点,至关重要。

我们要让孩子知道,爱一个值得爱的人,即使过程千折百回,但终将得到认可和理解。意大利作家亚米契斯《爱的教育里》有这样一个故事:

12 岁的袭里亚总是在半夜起来偷偷替父亲抄写公文,因此耽误了学习。父亲对他产生了误解,开始不爱他了,他承受着巨大的心理压力,依然执著地、默默地为父亲做事。直到有一天,父亲发现了事实的真相,又内疚又自责,把袭里亚紧紧地搂在怀中……

袭里亚爱父亲，才会为父亲着想，用自己有限的能力，来和父亲一起承担家庭的重任。他在偷偷替父亲抄写公文的过程中，也有矛盾过，父亲对他的误解曾经几次让他想放弃，但是当他想到父亲的好时，又欲罢不能。

而父亲之所以在一段时间内对袭里亚很冷漠，是因为只知道袭里亚的学习成绩下降了，却不知道背后的真正原因。当他发现了儿子的这个惊人的秘密，当然会比以前更爱袭里亚。

这对父子之间的爱，可以说是付出了爱也得到了爱。

当我给同学们讲这篇课文的时候。

不知道哪一位同学说了句："贱！这个袭里亚贱透了。"

我和其他同学皆愕然。

"同学们，请问袭里亚真的很贱吗？"我问。

"不！他是爱爸爸的。他这样做值得。"

"他的爸爸不好。"

"他的爸爸是一个自私的人。"

"袭里亚应该早点跟爸爸说明白。"

……

在日常的教育中，把握好教育的尺度，真的是如履薄冰，我们做家长的着实辛苦了。《爱的教育》是世界名著，其中的故事都是讲爱的，可是结果怎么样呢？

并不是全部的同学都能理解爱，甚至有的同学把"爱"理解成了"贱"。

这种情况虽然是少数，但是值得我们做父母做家长包括做教师的深思和警醒。

那位说袭里亚"贱"的同学，并不一定是不了解爱的真正含义，并不一定是一个铁石心肠的人，只不过他不理解这种爱的形式和过程罢了。

如果相互的关爱就像你今天给我买一块面包，我明天送你一盒饼干一样简单和程式化，那么我们就没有必要再浪费精力来讨论这个问题了。就是因为爱比任何一道数学难题都难解，爱比任何一篇命题作文都难写，所以我们在教育孩子的问题上，才应该更注重关于爱的培养和教育。

孩子在成长阶段，他们最初的思维和想法，很难去按照大人的逻辑思维考虑问题。教会孩子爱、理解爱不是一篇文章、一件事情能解决的问题。

如果我们的孩子出现类似说袭里亚对父亲的爱是贱的情况，一定不能劈头盖脸地批评，或者刨根问底，非得弄个结果出来。其实，这样的一件事，完全可以忽略不计，在教育孩子的问题上"就事论事"是行不通的，而是要触类旁通，避重就轻。

我们越是急于想纠正孩子的缺点，就越容易犯急躁的毛病，难得到良好的效果。孩子都有这样的特点，当我们批评他的缺点时，他很希望我们赶紧打住，不要再说下去了，换个话题。不论是孩子还是大人，对缺点都是相当敏感的，而我们大人偏偏愿意揪着人家的小辫子不放，这岂不要命！我们有没有想过这样一种可能：在子女的成长过程中，一件微不足道的小事，被家长强化放大了，这样一件一件事情强化下去，强化放大的都是缺点，结果某个一时的缺陷或盲点，竟然就成了孩子性格上终生的自卑与缺陷。

我们所说的爱自己、爱值得爱的人，值得爱的人一定会回报同样的爱给付出爱的人，这些绝对不是让孩子变得自私，而是要他了解生命的真相和本质、了解人与人之间的关系，做到关爱自己，保护他人。

爱的艺术与作用

在生活中,我们该如何做才能让孩子明白一些高深的道理呢?其实生活本身充满了哲理。很多“大道理”完全可以在生活中会被演绎成亲切、自然、易懂的经历和故事。

有一个电视广告片,五六岁的小男孩看到妈妈给奶奶端热水烫脚,然后他也学着妈妈的样子,端来了一盆热水,用稚气的童声说:“妈妈洗脚。”

教会孩子爱就是这样具体而简单,我们由内心发出的真实的爱,孩子一定会感受到。

曾经看过尤今的一篇散文,虽然作品名字忘记了,但故事却记忆犹新。

一位孩子的母亲,是公众眼里的社会慈善家,却把自己的婆婆,也就是孩子的奶奶送到敬老院去。

小孩子只能被允许周末去探望奶奶,以前奶奶曾经教过他折蜻蜓,为了哄奶奶开心,他每周都要利用课余时间折好多只蜻蜓,在周末的时候带给奶奶,后来奶奶的房间里挂满了美丽的蜻蜓,也充满了祖孙之间的爱。可这个孩子却没法去爱他的妈妈,爱那位频频在电视上亮相的社会慈善家。

可见,爱是一种直接的心理感受,虚假不得。好在故事里的孩子有一个真正值得爱的奶奶,要不然,他在妈妈那里学到的,只是打着爱的幌子的社会活动。在这种情况下,孩子注定也会变成一个冷漠的人。

或许有人会以为,人若是没有感情的动物,机器人般的冰冷,就会事半功倍,取得事业上的成功。

任何事物都是有两面性的,我们从客观的角度分析,带有真挚情感

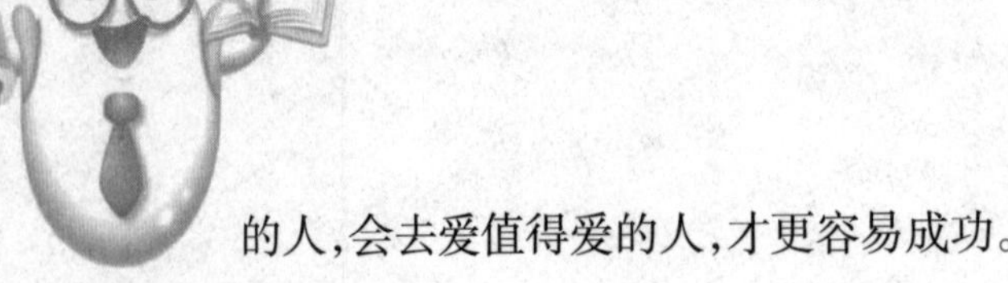

的人,会去爱值得爱的人,才更容易成功。

孩子不长进的原因

爱值得爱的人,是需要培养孩童辨别是非、洞察事物本质的能力,敏感度也要够。在大多数孩子的眼里,值得爱的人就是能满足他各种要求的人,尤其是物质要求。

我们不能去怪罪儿童目光短浅,在我们教育孩子的过程中,往往忽略了孩子的人格教育,把焦点都集中在孩子的学习成绩上,即便有诸多家长注意到了人格教育的问题,也没有把它列到日程上,更不可能像辅导孩子功课那般下工夫。

尤其是当一个孩子人格出了问题的时候,家长看到的仍是表面现象,"这孩子怎么就是不爱学习?"对学习不感兴趣的孩子,大多数对学习表现出的厌恶行为是一样的。上课不听讲、搞各种小动作、放学回家不做作业,磨磨蹭蹭,一提到学习就逃避。

如果一个孩子能按正常的人格发展,能够知道自己是谁,深深地爱自己,爱身边的值得爱的人,就比较容易摆脱上述的情况。但若他的大脑里对客观环境认识出现偏差,对人与人之间的关系认识不清,对学习的目的理解错误,就很容易出现厌学的现象。

在这种时候,我们做家长的仍然停留在表面现象的强制,只能把他越教越怕越教越想逃避,而做家长的也感到自己越来越束手无策。

9岁的孩子在玩拼图,妈妈问:"儿子,你拼什么呢?告诉妈妈好吗?"

"飞机。"儿子说。

"拼什么样的飞机?要飞到哪里去?我们编一个故事,然后把它写下来好吗?"

"不写。"

“为什么不写？”

“因为我不喜欢写作文。”

“写作文多有意思啊，一个字一个字就变成了故事。儿子，写下来吧，妈妈把你的作文都留着，等你长大的时候看。”

“我就是不喜欢写，写字就没意思。”

妈妈又心生一计，“儿子，今天妈妈暂时失忆了，就是记不住事情、不会写字了，你帮妈妈把今天的事情记录下来好吗？”

“你别装糊涂了，反正我今天不写字。”

当妈妈的终于火了，大发雷霆。

这个实例中的妈妈，其实是一个很可爱可亲，很有耐心的妈妈，可她最终还是被顽劣的儿子惹火了。这个淘气的小家伙，为什么就是不听妈妈的话呢？根本的原因是他不懂爱，爱自己，爱值得爱的人他都不懂。

如果不从问题的实质上下工夫，就是把这位妈妈气死，儿子也不会有改变。

这种情况下，当家长的，就应该暂时搁置具体的对学习方面的管教，先培养孩子学会爱。就像一只木桶，如果木桶的底漏了一个大洞，无论我们怎么往桶里蓄水，到最后还是一滴不剩。

如果我们能付出百分之百的耐心爱一个孩子，关键是能让他感受到，那么，我们的教育就开始生效了。子女若能真切感受到父母对他的关心和爱护，他就会变得很合作。这种合作持续得久了，就成了良好的习惯。

家长自己要明白一点：孩子对大人既依赖又抵触，是因为我们让他爱恨交加。

4.爱生活的地方

精神必须在物质环境里凸现

我们在儿童、少年时期，会渴望离开家、离开学校，到一个陌生的地方去，只有没有留下自己脚印的地方，才永远充满着诱惑。

“渴望出走”是年轻人的天性，年轻人的梦，喜欢尝试新的事物，敢于冒险是大多数儿童的共性，要不然也不会有“初生牛犊不怕虎”这句话。

孩子会对自己每天生活、学习的地方感到腻歪，他想飞，他的脑子里满是神奇的幻想。

他希望有一天《尼尔斯骑鹅旅行记》里的雄鹅毛真会带着他去周游世界；想去《哈利波特》里的魔法学校去学习；相信多啦A梦来自于21世纪，连自己也天天梦想着到21世纪去。我们人类就是这样，尤其是儿童，常常会沉溺于幻想中，往往忽视了现实的存在，表现出对环境和人的冷漠。

我们做家长的不能扼杀孩子的想象力，但要清楚儿童的想象力是建立在对客观环境清楚认识的基础之上的。如果连自己生活的地方都不清楚，不喜欢；一味地沉溺于幻想和梦想，那么这甚至可能引发严重的问题。

因为我们人类首先是物质的人，不管思想有多么伟大，离开了物质条件,一切都将灰飞烟灭。亦有可能我们脱离物质的自己后,那个精神的自己还会以某种形式存在,但目前这只是一种猜测,并没有谁用科学证明过。

作为一个物质的人,我们首先就必须务实地爱我们生活的地方。

诚然,这不仅是因为我们依赖物质存在去爱它,更因为我们的精神必须在物质环境里方能存在和凸现。

在科技没有发展到思维和物质分家的阶段前,我们必须把客观存在放在第一位。哲学家的唯心论在现实生活中是行不通的。尼采很伟大,但结果是疯掉了,上帝死了,他亦死了。

尼采说:“爱一个人的邻人以及为他人和其他东西而活,可能是保持自我中心主义的一种手段。这是特殊情形,在这种情形中,与我向来的习惯和信念相反,我是站在‘无我’倾向一边的,因为,在这里,这些倾向是有助于自利和自制的。”

他的思想与现实环境的断层越来越深,最后他只能坠入自己思想的黑洞。

如果我们做家长的,想培养出一位尼采般的哲学家,那大可不必让孩子清醒地认识到客观生存的环境,并且去爱它。我们完全可以任他的幻想如脱缰的野马,一跃千里。

或许是我们现在居住在城市的儿童生活太单调,楼房都是差不多、家里的设施都差不多,学校的环境也差不多,到处都是商业环境,能亲近自然的唯有操场、小区、马路边的几棵树,被称为公园的地方。

他们眼睛所见到到处是类似的建筑、类似的风景,车水马龙,处在中国高速发展阶段的儿童,当他的客观环境单调而商业化的时候,他极容易陷入一种想象的世界,用想象去填补客观环境的苍白。否则《哈利·波特》也不可能一版再版,风行几十个国家。

我们做家长的,一定要帮助孩子协调好精神与物质的关系,让他在

现实的生活中发现乐趣。

抓小乌龟的绳子

在教育儿童的过程中，我们往往会试图用寓言故事、童话故事来启迪孩子的思维。在书店里，我们常常会看到《开发孩子想象力的 100 个故事》、《启迪儿童心灵的寓言》等近似的书名。

实际上，这些书里的故事除了让儿童感到好玩、好奇之外，对于启发儿童智慧方面的作用微乎其微，连这些书本身的目的都变成了美丽的童话。更有甚者，编制粗糙的故事，还会让儿童感到费解，产生歧义。

有这样一个寓言故事。

乌龟一家住在深水里，龟妈妈叮嘱五个龟孩子，“宝贝们，千万不要到岸边去啊，会被人类抓走。”孩子们围在妈妈身边，点头说：“噢，妈妈，知道了。”可是，有一天，五个孩子还是耐不住好奇心，游到了岸边。正当它们玩得忘乎所以的时候，最小的乌龟被一个人用绳子绑上抓走了。剩下的几个孩子拼命往回游，终于回到了家里，回到了妈妈身边。妈妈痛心地说：“不要你们去，你们就是不听话。现在你们的弟弟被人类抓去了，它再也回不来了。”“妈妈，它不是被人类抓去的，是被一根绳子绑走的。”其中一只小乌龟说。乌龟妈妈语重心长地回答：“那绳子就是人类抓我们的工具啊。”

在这个寓言故事的后面，附有一段精品分析，是这样写的：小朋友们读完了这个故事，要明白一个道理：外面的世界很危险，一定要听妈妈的话。小乌龟就是因为不听妈妈的话，才被人类抓走的。我们无论去哪里，都要告诉大人，以免发生意外。

别说这个故事小孩子不能理解，就是大人也很难理解，而在孩子还是迷迷糊糊的时候，又把故事的落脚点放在了“听大人的话”上面。假如我们的童话作家,他们对教育的认知、他们对于教育的思维模式依然停留在"绳子抓乌龟"的程度上,我们的家长,又怎能用与时俱进的观念来教育面对复杂的社会环境的孩子呢,特别是教育观念上的变化。

我们应该有全新的教育意识和方法,而不应该用一根无形的绳子,把孩子紧紧捆住。

身处的世界是美好的

我们为了不让孩子离开我们能控制局面的环境以外,会用乌龟妈妈的方法来警告孩子。

人的心理很微妙,你越是不让他做的事情,他越是充满了好奇心,越是对身边的环境不满,莫不如告诉孩子宇宙是无限大的。

我们赖以生存的是脚下的土地,无论我们走到哪里,都离不开脚下的那一方土地,我们热爱生命、我们向往更美好的生活,要从身边的环境开始。

我们要告诉孩子,我们身处的世界是美丽的。特别是要教会孩子看世界的新方法。如果我们自己都没有新的目光、新的视野,我们又怎么能让孩子更具爱心和胸怀呢?

我们不能因为每天都看到重复的景物而感到厌烦。而是要让孩子明白,有些景物,虽然粗略看上去是静止的,但仔细观察却是动态的;熟悉的人也一样,今天的他,绝对不是昨天的他,也不是后天的他;每一个个体,都在千变万化,所以我们没有厌烦的理由。

其实身边的环境,每天都变化着,一天那么一点点,日积月累下来,就完全变成了另外的模样。

春天的树叶刚抽芽,而当它长到夏天的时候已经翠绿了,长到秋天的时候又凋谢了。经过漫长的冬天,当春回大地的时候,绿重新扮美人

间。

人也一样,我们每天照镜子,都不会觉得自己变化,可是一年一年,我们在不断地长大,然后就变成大人了。

无处不在的爱

我们生活的地方,不仅是我们的家、我们的学校,还有我们的城市,我们的乡村,我们的国家。我们一定要在尽可能的情况下,开阔孩子的视野,培养孩子宽广的胸襟。

当我们教孩子在家庭里要爱护家庭的环境时,那么同时就要教孩子在公共场所要爱护公共环境。当教孩子爱这个家时,那么一定要教孩子爱这座城市。我们首先要自己内心真正的爱人类、爱世界,爱自己的民族、民族的文化和自己的祖国。

爱生活的地方,可以大,也可以小,可以从整个地球讲起,又可以小到一花一草,一树一木,即便是枯烂的树枝,若是用爱的眼睛去观察,仍然可以发现其可爱。

迟书雁:我的学生子荐和泽宇,经常在课间到教室后面的花园玩耍,然后把一些他们认为的宝贝带回教室。这些“宝贝”有的时候是几片树叶,有的时候是破破烂烂的树枝,有的时候是叫不出名字的小草……

每次当他们怀着喜悦的心情向我炫耀这些宝贝的时候,我都会惊喜地说:“天哪,这些东西真好。”于是孩子们更加发愤地寻找他们的宝贝,于是教室里堆满了烂树枝、枯树叶、草。

有一次,子荐竟然捡回来了盆大蒜,弄得满教室都是刺鼻的蒜味儿。

另外一个老师实在受不了了,把蒜扔了出去。我又把它捡了回来。我这样“放纵”他们,就是让他们时时刻刻都能在有限的空间里发现快

乐,感受爱。

子荐和泽宇,在学校里学习成绩优异、与同学的关系相处得融洽,性格积极乐观,是人见人爱的阳光男孩。别看他们平时很淘气,但每次上课的时候都认真听讲,积极回答问题。

我没有能力给他们一个世界,但我可以给他们一个宽松的客观环境,让他们能爱上这样的环境,这个世界不缺少美,只是缺少发现美的眼睛。作为教师的我,也希望每一位做父母的,都能认识到宽松环境和自由思想对于行为的重要。

孩子们能在玩的时候发现树叶、烂树枝都是宝贝,在学习的时候更能发现无穷的乐趣。相反,在家庭里处处受管束的孩子,不但学习成绩差强人意,连游戏都做不好。继而对学习失去乐趣,对生活失去兴趣,对身边的环境更甭提爱了。

我们要和我们的孩了一起爱生活的地方。

我们的家、我们的社区、我们的城市,我们的国家,甚至我们每天走的街道、临窗眺望的风景……

心中充满爱,才可以去爱,去改变,去成长。

每一个人都是扁舟子

如果一个人意识不到自己生活的地方、工作的地方有多么可爱,那么这个人很可能情绪低落,态度消极,看什么都看不惯,觉得是这个世界对不起他。可是,现实很残酷,并不因为你消极地看待,就会对我们宽厚一些。恰恰相反,很多的事物,恰恰是因为我们消极的态度和不满的情绪,导致了更糟的结果,使得我们的人生走了不少弯路。

爱生活的地方是有些人历经沧桑才体味到的。

汤姆在美国一家中型规模的公司工作,他讨厌公司透明的玻璃门、讨厌一脸雀斑的秘书小姐、讨厌老板的鹰钩鼻子。他觉得这样一座城市,这样一个公司简直让他窒息,压抑了他个人的发展。

终于有一天,他做出决定,要到另外一个城市去,去那里创造自己的新生活。

他对那座城市充满了向往,好像那里就是美妙的天堂。可当他到达那座城市后,才发现一切并没有他想象得那么美好,历经了一年的时间,他越来越渴望回到家乡去,回到原来工作过的地方。

当他终于回到了那个他以前讨厌的公司时,他发现透明的玻璃门,让人的心情一下子明亮起来;秘书小姐虽然满脸雀斑,但笑起来亲切可爱;老板的鼻子是高得出奇,显得苛刻,但他对下属还是很温和宽厚的。

汤姆历经一年的时间,终于知道身边环境的可爱。

我们这样讲,不是教孩子死守故土,要知道,在未来的社会环境中,家乡的概念会越来越淡,每一个人都是扁舟子。

我们要告诉孩子,无论走到哪里去,都要热爱生活的地方。

有首童谣:“小兔子去吃草,这山望着那山好,到了那边山顶上,又觉这边草青青。”

我们人走到哪里,哪里就成了客观生活的环境。

当我们坐在家里的沙发上,家是我们的客观环境;

当我们在办公室里工作,办公室是我们的客观环境;

当我们在外面就餐,餐厅是我们的客观环境;

当我们在商场购物,商场就成了我们的客观环境;

我们生长在这个国家,国家就是我们的客观环境;

当我们的国家走向世界,整个世界也成为我们的环境;

……

还有那些流动的客观环境,汽车、火车、飞机、轮船……

可爱的家

如果我们不爱我们生活的地方、我们存在的地方,我们就会感到很痛苦。

想一想,作为人,除了自我的价值外,还要得到幸福。幸福应该是人追求的终极目标,如果我们不会爱生活的地方,我们怎样快乐呢?

最可怕的是家庭关系不和,夫妻横眉冷目,如此冷战,家里就像一个冰窖,本来应该用“温馨”来形容的家庭,却只是让家庭成员感到窒息,尤其是孩子。

孩子最开始的体验就是来自于家庭,当他在家里的体验是冰冷的时候,那么日积月累,他对存在的环境感到的都是冰冷,即使他走到天涯海角,也如在沙漠里孑然独行,他在精神上注定是个孤独者。

我的学生嘟嘟是一个活泼的小女孩,她的妈妈也是个热情开朗的人,唯一的缺点就是不喜欢打扫房间,家里又脏又乱,但这个小女孩很爱她的家。

爸爸、妈妈给她的感觉亲切,那么凌乱的房间,也丝毫不会影响她的情绪。而且,最有趣的是,她写了一个笑话,绝对的缘于生活。

小明到同学嘟嘟家作客。

小明一到嘟嘟的卧室,吓了一大跳,“天啊,你的房间像个垃圾堆。”

“你到我爸爸妈妈的卧室去看看,他们那里绝对不是垃圾堆。”嘟嘟神秘地笑着把小明领到另一间卧室,小明目瞪口呆。

嘟嘟自豪地说:“我都说了爸爸妈妈的房间不是垃圾堆,而是垃圾场。”

诚然,我们不是要教孩子不注意家庭卫生,把家里搞得像猪窝也欢天喜地,而是通过这个生活中真实的笑话,告诉家长朋友,如果夫妻关系冰冷，家里再宽敞明亮，孩子也体会不到温暖；相反，无论家里多么狭促，孩子也会很爱他的家。

爱生活的地方，首先是从家开始的。

5.爱的境界

爱的胸怀与境界

2008年6月27日,美国微软公司创建人之一比尔·盖茨含泪向830名微软代表发表告别演说。52岁的盖茨退休之前在接受英国BBC访问时表示,他将把自己580亿美元财产全数捐给“比尔及梅琳达·盖茨基金会”,一分一毫也不会留给自己子女。

盖茨对于人类慈善事业的关注和投入，最初是源自她母亲的一封信:“被上天赋予愈多的人,被人们期待的也愈多”,这是比尔·盖茨的母亲玛丽·盖茨在盖茨与梅琳达1994年结婚时，在信里写给这对新婚夫妇的一句嘱咐。

我们不能把盖茨今天的决定,完全归于母亲的教诲和启示,然而,这位世界首富所做出的举动,却和父母的引导,和父母在教育方面表现出的胸怀与境界不无关联。一个人的心中若只有自家后院的一亩三分地,他关心的自然就是地里的韭菜和黄瓜;一个人的胸中若是装着民族和国家,他所关注的自然就是民族的振兴、国家的强盛;而一个人若真正胸怀全球，那么他的关怀意识扩展到整个人类的文明与健康就是很自然的事情。

这就是爱的胸怀与境界。

赵煜堃:因为职业的缘故,我一直对中美家庭特别是美国华裔家庭对于孩子的教育有所关注。如果说感受最为强烈的一点，那就是一个中、美两国关于孩子“所有权”的观念的巨大差异。在美国人的观念中，孩子是整个社会的财富，正确培育孩子，也是为社会培养和输送人才。而在中国家庭，这种观念很少被提起，更不要说发自内心地去做了。在当代中国，孩子是“私有财产”，孩子的未来和光宗耀祖关系密切，和报效社会缺乏直接联系。因此，无论是社会教育体系还是家庭教育环境，都已经偏离和淡化了教育本应所服务的对象——社会。这个教育环境所“制造”出来的“产品”，更希望得到的是社会所提供的各种现实利益而对回馈社会缺乏认知，这多少也暴露了当代中国教育的缺失和无奈。

在中国的家庭，大多数孩子听到的声音基本上都是关于个人前程的教导，诸如：“不好好学习长大就没出息；”“你读大学是给你自己读的，别人根本没指望你什么。”等等。

在这样一种观念的指导下，中国很难产生充满社会责任感的青年，更不要说像比尔·盖茨那样能将全部的财富，回馈整个人类社会的人了。如果一个人在成长的过程中，他所涉及和被灌输的，只是关于家庭角色的承担，只是家庭的义务，甚至仅仅是个人的角色发展，那么他长大后在胸怀与境界上可能始终难以“大气”。

假如中国的文化和教育方向，仍然还是建立在家族血缘关系上而不是建立在一个理性的社会基础之上，那么民众势必对宏观的、整个民族的振兴发展缺乏热情。这种以血缘关系为基础的道德观只会加剧个人的自私和冷漠。一个大多数民众感觉和整个国家没有什么直接关系的社会、一个对自己的国家都缺少热爱的激情的民族，要想真正走在人类文明的前列，成为世界强国，几乎没有可能。

假如随着传统文化价值观的破坏和逐步衰弱，大多数的中国人，包括受过教育的人都渐渐变得更加“现实”，而对国家的、民族的利益缺乏关心的热情。那么中国近30年的变革、特别是进入21世纪以来中国经

济航母持续的高速发展,能有充足的续航能力么?

中国的崛起离不开经济的振兴,而中国本质的强盛,却是来自文化的创新与自信,来自全民的国家认同意识和民族奉献精神。孩子心中爱的胸怀和境界,离不开父母悉心的培植与教养,就像比尔·盖茨的母亲做的那样。

在变革中成长的公民意识

中国从1949年至今,历经了几次重大变革,在这些重大变革的历史阶段成长起来的公民,极具复杂性,却越来越表现出一些令人担忧的特质——浮夸与虚荣。

赵煜堃:个人化的虚荣和攀比成为消耗民族能量的一股力量,这种趋势和习性可能会使得中国在经济加速到某一个时期,因为国民素质的滞后而导致国力的衰退。因为显而易见的,一个民族若大多数人都只以自己的“幸福”和“日子”作为奋斗目标,而缺乏建设与奉献精神的价值体系的支撑,那么这个民族最终是不太可能形成真正超越同类的核心竞争力的。因为毋庸置疑,若整个国民的思想和视界都落在物质利益的获得、都被无止境的物质欲望所占据,那么国家的兴亡,跟匹夫的关系将越来越被淡漠。

我们关心教育,若忽略了这一点,那便是根本性的失败。

如果我们的子女,仍然缺乏公民社会的“公民意识”,他们的思想也还无法产生根本性的转变,他们的胸中仍然缺失家国的情怀和志向,那才是真正输在了人类社会向文明迈进的“起跑线”上呢。如果我们的思想与目光还停留在专注于动物本能对性和食物那点贪婪可怜的欲望上,我们就难以企及生命存在的更高层次。

也许人人都会说:“生活的真谛不在于你索取多少,而在于你能给予社会和同胞多少”，但真正身体力行的又有多少呢。大多数中国人对于生命意义的思考，只有在写官样文章或向上级表达决心的时候才显得富有贡献精神，而实际生活中很少真正去想个人的努力与社会福祉的关系。潜意识里，大家越来越只是对能“过上好日子”这样微不足道的欲望感到满足。

中国社会越来越毫无顾忌地接受资本主义无止境的追求利润的习性，却忽视环境的保护与个人的尊严；对西方的技术与产品迅速消化吸收，却对体现西方文化价值的坦率、诚实的信用规则加以利用和背弃；对西方娱乐化的文化渗透和广告攻势下的商业推销全盘接收，却对中国优良的文化传统和伦理价值视而不见。

假如教育不是为了寻求真理或者改善生活质量，而只是获得稳定生活和身份地位的基本保证，那么中国的知识分子所得到的尊敬将越来越不是出于他的独立正直与社会良知，而只是因为他们获得了一些机构的话语权和权威性。如果是这样，那么中国的教育依然是失败的。

我们应该有一种现代社会基本的公民意识，就是对于国家的认同和民族的自信心、自豪感。而形成这种思想的基础首先就是爱自己的国家，进而对整个人类心存关切。这是一种胸怀、一种境界，也是一种责任。爱国者都是胸襟开阔、勇于承担责任的人，我们家长对孩子的爱教育，首先就是从胸怀、境界和责任开始的。

有的家长会说：“我不希望孩子为社会作什么杰出贡献，只要他个人快乐就好。”

其实，在未来的社会变迁中，无论想与不想，每个人的社会角色与家庭角色都是必须承担的。就像成语“皮之不存，毛将焉附”，社会与人心变得越来越凶险，个人的生活也不可能“独善其身”，不受干扰，未来的社会，只有每一个国民越来越表现出负责的公民意识，社会才会变得越来越人性和可爱。

好在人性中既有自私的属性，也有仁慈、善良的天性。2008 年 5 月发生在四川的特大地震，无疑再一次证明了人性的善良和中国未来的希望。

儿童也有江湖

5·12 汶川地震，无论是灾区儿童表现出的镇定、勇敢、顽强，还是全国青少年在大灾面前被激发出来的大爱表现，都充分肯定了哪怕是学校里形式上的爱国主义教育，对儿童的心灵塑造也是有作用的。这或许我们平时看不出来，但面临重大的事件就体现出来了，救了两名同学的小班长林浩、敬礼儿童郎铮、微笑女孩唐沁，带领同学唱国歌熬过余震的许中正……这许许多多 80 后、90 后，甚至是 2000 年以后孩子们的表现，肯定了无论学校、家长，还是社会，中国的伦理教育并不像人们所想象的那么糟糕。孩子们善良的天性也说明了孩子们的江湖里，是蕴涵着几千年中国传统文化的精髓的。这也是对传统中国文化和中华伦理的一种肯定。

因此，我们应该更加有效和多种形式地进行爱国主义教育，培养孩子做有责任心的国家公民的意识，并刻意给孩子营造一方健康的、充满大爱的江湖。这需要社会、学校、家庭等多方面的努力。

对于社会的认识，我们除了客观的认识外，还有主观的认识，也就是凭借个人经验对社会环境等作出的评判，一些比较片面的认识和结论性的语言、处世态度，都可能影响孩子的成长。

有两条小鱼，同样生活在浅水湾里，一位鱼妈妈告诉自己的孩子，你要好好学习游泳的本领，这浅水湾是我们游向大海的出发点，那里有我们很多的鱼类，我们都是这大海的一分子；另一位鱼妈妈却说，“我们注定生活在这狭促的地方，我们离大海太远了，我们的家庭除了小鱼小虾,还有什么呢。”那么面对同样的江湖,两条小鱼的认识和体验却完全不同。

儿童江湖的宽窄、善恶、良莠,可能更多的时候取决于我们大人的引导,态度永远比事实重要,通过调整态度,完全可以改变事实。国家的命运与其说掌握在政府手中,不如说掌握在每一位母亲的手中。

人类从出生的那天起,就已经身处江湖了。我们不能像鸟儿一样随意选择枝头、不能像蒲公英一样可以恣意地安家落户,但我们完全可以通过态度给孩子展现一方“香格里拉”般的江湖。

现代文明的手段,更可以切实地扩大儿童的江湖,任何科学技术都可以用在积极的方面,也可以使孩子沉沦。比如说网络,孩子可能会沉迷于网络游戏,但也可能通过网络,让孩子与全国的小朋友,甚至全世界的小朋友进行联络和沟通,我们虽然不能事无巨细,但我们可以给孩子一个方向,让他通过网络,告诉全世界的小朋友他很爱自己的国家,因为他的国家正在一步步走向强大,而他也会成为建设祖国的一分子。

我们还可以通过视觉上的传达来培养孩子的爱国主义教育,比如说在家里悬挂国旗、逢“七一”、“十一”等节日领孩子去参观历史博览馆,等等。

小孩子还都喜欢涂鸦,都喜欢画房子,我们大人可以有意地引导他来画一画国家,画一画国家的版图,画一画二十年后的中国。

对国家意识的培养,还要把中国融入到全世界,让孩子在幼年就知道中国目前处于世界的位置,并让他明白,作为国家的一分子,他将与国家一起成长。

儿童的江湖,虽然也有险恶,但更多的是人性中最宝贵的——正直与善良。

爱是多元化的责任

其实爱,本身就是一种责任,肩头责任的重量和胸怀的广度是成正比的。

在孩子的日常教育中，我们做家长的常常把孩子的责任单一化。“小孩子的任务就是学习！”我们给孩子树立责任观的时候,不能只给他灌输了学习是他的责任的概念,而是要他承担多元化的责任。

问现在的孩子,“你的理想是什么？”有近 50%的孩子会回答:“长大当明星。”在孩子的眼中,娱乐界的明星是最有光环的人。而像钱学森、陈景润这样的科学家,却很少有人关注。

这以娱乐为主导的思想,是非常可怕的,暂不说将来,就是现在,娱乐明星层出不穷,但能让人记得的又有几位呢？孩子们都削尖了脑袋往娱乐界里扎,那还了得,一个国家不能靠娱乐发展,作为国家的公民,除了娱乐,我们还有更多的责任与义务。

现在的中国,已经越来越注重科技明星、企业明星,文化明星、体育明星等各界明星。社会职业的分工会越来越细分,越来越多元化。除了(娱乐)明星,其实我们的孩子有更广阔的天地。

微观的责任培养，其实是最容易做到的。那就是让孩子在学习之余,更多地承担家务工作,至少要他做到自己的衣物自己洗、自己的房间自己整理,无论家里的经济条件多优越,也不能把孩子养成一个除了学习,什么事情都不会做的人。

责任就是要从生活的点滴入手的,我们中国的家长,大多数舍不得上了一天学的孩子再做其他的事情,其实这大可不必,多做一点事情,更有助于他的成长,我们教育他要爱国,可是他连如何爱家庭都不会,那爱国思想教育就成了空中楼阁。

虽然一个人在12岁以前，基本定不下来未来的发展方向，但是我们还是要给孩子树立一个明确的目标和榜样，在爱国教育方面，我们的榜样应该是那些在各行各业为国家作出了杰出贡献的人。最好不要是娱乐明星，除非您一心一意想把孩子培养成娱乐界的天王级人物。

孟子的爱国是“穷则独善其身，达则兼济天下。”范仲淹的爱国是“居庙堂之高而忧其民，处江湖之远而忧其君。”如果我们每个人都能把自己管好，那么国家自然而然就繁荣昌盛了，反之，我们都抱着膀子忧国忧民，而不去做实事，只能给国家造成负担。中国由一个农业大国向综合大国过渡，我们作为国家的公民所需要做的实事，不是以前按部就班的方式，而是手脑并用的，我们既要有思想，又要脚踏实地。

培养孩子真是一个最复杂的工程，我们不仅需要广度、深度，还需要前瞻性。

所有的这一切都是与国家的命运息息相关的，只有关注国家和民族，才能更清楚地知道小家怎样去经营，换个角度，只有把小家经营得井然有序，才能真正的成为国家的一分子，才能把孩子培养成国家的中坚力量。

6.智慧

隐藏的聪明

我们在表扬一个孩子的时候,常常会说:“这个孩子真聪明!”相反,当一个孩子不听话、不爱学习、成绩差的时候,大人也会在情急之下批评:“你这个孩子笨死了。”

其实聪明和笨,并不能从表象上看。

迟书雁:我的学生艾蒙是一个9岁的男孩,被学校个别老师冠以多动症、脑袋有问题等恶名。因为他在上课的时候居然会满地爬,还敢走到讲台前,在老师的前面比划。学习成绩一塌糊涂,数学连加减法都算不明白,语文错字连篇,不能顺利地阅读课文。平时说话颠三倒四,总像是在自言自语,而别人要求他做任何事情,他都听不懂似的。

他的家长常常被班主任传唤到学校,每一次班主任都毫不留情地把艾蒙说得一无是处。家长领着艾蒙去医院就医,心理科和生理科都看了,也吃了不少的药。但艾蒙丝毫不见长进。日久天长,家长对艾蒙也失去了信心,觉得这是个没出息的孩子。

这个艾蒙性格狂放,想大笑就大笑,生气的时候会马上大声吼:“我生气!”我很喜欢他不修边幅,敢于抗争强权(其实我们大人对待孩子很多时候都在使用绝对的权力)。

他感觉到了我的喜欢,在我面前更加肆无忌惮。他那双黑亮的眼

睛，似乎能把一切戳穿。

偶然间，我发现他拥有着非凡的洞察力和想象力。

当他看到一幅同学画的蜜蜂时，直截了当地说："这是谁画的蜜蜂呀，太拟人了。明明就是穿着蜜蜂衣服的人。"的确，那只蜜蜂，除了那套衣服和两只触角，的确就是一个活脱脱的小朋友造型。我教他写"凿"字的时候，他会把"凿"里的部首与"¥"联系到一起。

有一次，一个高年级的同学问他："你在班上考第几？"艾蒙说："我坐最后一排。"那个同学又问："是问你考第几？""我的学号是10号。""我是问你考第几？""不明白你说什么？"艾蒙翻了翻黑亮的大眼睛。

瞧，他小小的年纪，已经会很智慧地回避他不想回答的问题，刹那间，我一下子明白了，艾蒙学习不好是一种反叛，他就是想以这种方式反抗大人。

他的班主任和家长，包括那些医生，都没有意识到艾蒙的病根出在哪里，治病需要对症下药。

他的妈妈抱着试试看的态度，同意用我的方法对艾蒙进行辅导。

第一：在一定的时间内，不强迫艾蒙学习，不强迫他遵守规矩；

第二：认真倾听他那些"颠三倒四"的话；

第三：多认可，多鼓励，多表扬。

第四：就事论事地批评，而不是进行人格上的否定和攻击。

刚开始的一个月，艾蒙的家长按我的方法做，可是并不见成效。一个月过去后，奇迹发生了，艾蒙开始主动与大人沟通。

期末考试，艾蒙的数学成绩是78分，语文成绩89分。这对于一个以前经常不及格的同学来讲，简直是让人难以置信的进步了。更重要的是，艾蒙渐渐地变得在课堂上遵守纪律，并且喜欢跟同学、大人沟通和交流了。

艾蒙是一个非常有自我意识的孩子，当所有的人都不认可他的时候，他就是要故意气大家，以此来引起所有人的关注，哪怕是负面的关注。可当他发现有人真心关爱他，家长也开始尊重他的意见，真的爱他，他当然也会以同样的方式对待别人。

小孩子如果表现出粗暴、无礼，那么是他一定被这样对待过。

小孩子的聪明有的时候是隐藏的，我们要去发现，而不是轻易地否定他。

天才就在我们身边

大人评判一个孩子聪明与否的标准，经常是他学东西快不快。

其实传统的学习方法，无论中外，都比较注重模仿。模仿能力强的孩子，基本就被认为是聪明。

实际上，一个人的想象力和创造力要远远在模仿之上的。只注重孩子的模仿能力，而忽视了孩子的想象力，这就增加了孩子被培养成书呆子的可能性。

模仿是连动物都能做到的事情，某城市晚报报道，一七旬老太养了的大白猫居然会说话，当他醒来的时候发现只有自己在床上的时候，会说："人呢？"当他看到主人和几个老太太搓麻将的时候，会问："干啥呢？

人由猿类变成人，绝对不是因为模仿，历史书上讲直立行走是个重要标志。正因为人学会了直立行走，脑容量增加，使得人类的思考能力彻底超越了其他任何生物。

是思考推动了人类自身的发展完善，人类之所以能雄霸于地球万物之上，成为万物之灵，就是因为我们的智力、我们的思考能力。

孩子的智力高低，在生活中表现得更加清楚明了。

曹操幼时，好游猎，有权谋，多机变。其叔父曾因操游荡无度而怒责他，并告诉操父。曹嵩也责备他。操心生一计，见叔父来，诈倒于地，作中风状。叔父惊告操父。嵩急来看望，曹操却是没病的样子。嵩问道："叔父说你中风了，已经好了吗？"操回答："儿自来无此病，因不为叔父所爱，所以被诬枉啊。"以后叔父但言操过，嵩不再听信。

曹操幼时就善于使用计谋，可见其聪明程度，而且"治世之能臣，乱世之奸雄"的气概已经初见端倪。所以，我们衡量孩子，一定要全方面地看。如果仅是从学习方面来衡量一个孩子，很容易埋没孩子的天赋。

教育儿童，聪明不是那种浅表的聪明，而是真正来自于内心的智慧。

智慧往往是始于对生活的热爱、向往，对世界的好奇心。

盖茨虽然是一个凡人，但却有着比多数人强烈的好奇心和信心，他认为，只要具有足够的智商，世界上再难的问题也能得到解决。这种好奇心也会表现在求知欲上，有人曾看到盖茨一边驾车前往公司，一边还在看书，可见他对知识的渴求程度多么高，他的父亲将他的那些兴趣爱好称作是"世界级的求知欲。"

正是强烈的好奇心才会引发求知欲，而盖茨在少年时代就领悟和意识到，发掘自己的专业和知识领域之外的求知欲将获得超值的回报，他的母亲玛丽也非常支持盖茨，在 1968 年学校里安装了一台旧的电传终端机时，就允许在初中就读的盖茨可以自学编程。

盖茨亲密的朋友巴菲特说："他当然不知道他的思想会跑到哪里去。他的新想法不但会很新奇，而且会很赏心悦目。"正是源源不断涌现的好奇心，并去实践自己的好奇心，盖茨的天赋聪明才演绎出了超常的智慧。

提到伟大的数学家牛顿，人们一定会认为他小时候是个"神童"、"天才"、有着非凡的智力。其实并不是这样，童年的牛顿身体孱弱，学习成绩差。但他的兴趣却是广泛的，手工做得非常棒。平时他爱好制作机械模型一类的玩艺儿，如风车、水车、日晷等。他精心制作的一只水钟，计时很准确。他玩的方法也很奇特。他做过一盏灯笼挂在风筝尾巴上。

当夜幕降临时，点燃的灯笼借风筝上升的力量升入空中。发光的灯笼在空中流动，人们大惊，以为是出现了彗星。

他发现万有引力，据说是因为一只苹果砸到了他的头上。

当一个小孩子能敏感地对外界事物产生迅速的反应，并表现出自己独到的见解时，那么这个孩子一定是有智慧、善思考的。若加以正确引导、精心培养，则潜力无限。

聪明没有一个固定的衡量尺度，任何一个孩子都是有天分的，只是天分表现在不同的方面。智慧的家长，要善于发现孩子擅长做的、感兴趣的事情，什么是孩子惧怕的、抵触的事情，然后对症下药，事半功倍地培育出优秀的孩子。

如果他天生是一个舞蹈家的材料，我们偏让他去研究数学；他天生是一个演说家，我们偏试图让他去学电脑，那么结果只能让孩子感到枯燥、丧失兴趣和好奇心而变得碌碌无为。

发现我们身边的天才，并去按照他天赋的方式培养他。

开启紧锁的宝藏

一个优秀的教育工作者，在肯定孩子的天赋方面，必定是慧眼独具、颇有耐性的。

一个孩子从刚受孕的那天起，就基本注定了血型、眼睛的大小、手脚的形状。而人的大脑与其他的器官一样，每一个人都具备不同的特质，和世界上没有一模一样的指纹一样的道理。人的天赋一方面来源于遗传，就像我们父母有什么疾病，子女到一定的年龄也可能会发病一样。“天赋”的某些遗传特性是不能抹杀的。否则，我们在教育子女、培养子女的过程中就不容易做到因人而异、因材施教。

我们不能把孩子的教育过程和产品的生产过程等同起来，产品讲求“标准化”:原材料是一样的,流水线是一样的,做出的成品也是一样的。即便学校教育有“标准化”生产的某些特征,做父母、做家长的也要在标准化之后, 努力挖掘孩子的差异性。因为每个孩子的禀赋是不同的,找准了方向,孩子就更有成才的希望。

迟书雁:我五六岁的时候,在爸爸单位的幼儿园上学。每次小朋友们集体学舞蹈,给大人汇报演出都没有我的份儿。

有一次,一个小朋友病了,老师说:“书雁,你上来表演吧。”我简直欣喜若狂,可是我刚跳了几下,老师就不耐烦地挥着手说:“下去吧! 下去吧! ”

老师教我弹脚踏琴我学不会,教我唱歌我能招来狼,可以说在音乐方面,我一点天赋都没有。

可是就这样一个音乐老师眼中的笨孩子,上学以后,文学方面却显露出了超乎寻常的天赋。

每次我写完作文,老师都会用怀疑的口吻问:“是你写的吗? ”我总是骄傲地回答:“当然是。”

有一首我少女时代发表的诗,在我长大后,曾遇到过一个读者,她说读书的时候,每年给同学寄贺卡,都会写上我当年创作的那首诗。

成年后的我一直以写作和教书为生,至今也不爱、不会唱歌。

不过,确定一个孩子的天赋千万草率不得,否则会延误一生。

有些孩子表面上显出的笨拙,是出于一种抵触,但在家长正确的引导下,不断地深入学习,有可能会激发他某方面的兴趣和天赋。

丘吉尔是英国的首相,著名的演说家。他的演讲慷慨激昂,引人入胜,可谁又能想到,他童年的时候,竟是个结巴。由一个连说话都费劲的小男孩成长为一名滔滔不绝的演说家, 刻苦和努力是必不可少的,不过,天赋或许也占了更大的比重。

当一个孩子的天赋尚未被发掘的时候,就像一处被遮蔽的宝藏,我们千万不能为表面现象迷惑，而失去了发现宝藏的耐心和毅力。父母和儿女的关系，有时候就是伯乐和千里马的关系，因为“个人的孩子个人疼”，有谁还能比父母更了解自己的子女呢？

和氏之璧的由来，能给教育者一些启示。

卞和前两次分别向楚厉王和楚武王献上璞玉，可是玉匠两次都把价值连城的宝贝鉴定成了一块普通的石头，两位对鉴别的结果也深信不疑。卞和还因此失去了双腿。当楚文王继位后，他在楚山脚下捧着玉璞痛哭，文王遣人问他缘何痛哭？他说：“不是因为失去了双腿，而是因为没有人识玉璞而心痛。”当文王命玉匠剖开玉璞时，发现果然是闪耀的宝玉。

我们家长在教育孩子的时候，一定要做到明察秋毫，切不可像楚厉王和楚武王一样武断，有的时候看似专家权威的人士，或许也可能出现像那个不负责的玉匠一般的差错的。

不过，中国有句古话叫作“聪明反被聪明误”，因此天资聪颖的孩子的家长，除了鼓励和激发孩子的智慧，也要提醒孩子切勿浅尝辄止，要有勤奋执著的精神。

我们似乎很爱说这样一句话：“这孩子挺聪明的，就是不爱学习。”要知道这句话从孩子的角度理解，就是“我聪明，但是我不爱学习。”那么长此下去，他真的变成了一个有头脑，但是宁愿让头脑发锈的人。因为我们几乎每天都在确认——你聪明，你不爱学习。

美国心理学家曾做过一个这样的试验，一位非常健康的妇女，当她早晨到达公司后，所有的同事都说她的脸色不好，是不是病了？结果她真的病了，可见心理暗示的重要性。

我们有幸得到了一位聪明的孩子，那么他是上苍送给我们最好的礼物，我们一定要精心对待这件礼物，悉心栽培，切勿荒废了他的聪明，而是要帮他把聪明，打造成智慧。

7.记忆

“照相”式记忆和解构性记忆

中国的基础教育，应试教育的成分较重，因此中国的家长往往把子女的记忆能力作为对孩子学习能力的评判标准。记忆力好、记得准确的小孩，通常被认为是聪明和优秀的孩子。

“我的孩子只有五岁，能背诵一百首唐诗了”，我们常常可以听到一些家长对孩子的肯定，语气中透着自豪。

的确，2~6的孩子记忆力之好，往往出乎我们成年人的意料和想象，人类生命的自然规律赋予少年儿童惊人的记忆潜力。可是，对于一个孩子心智的成熟，以及思辨能力的提高，光会背诵显然是不够的。背是背下了，还得要能够理解。像《鹅》、《静夜思》这类的古诗词：“床前明月光，疑是地上霜”，和现实生活有着直观的映射，形象生动，不难理解，容易记忆，而《观书有感》这类的诗就有了一定的联想性，不是每个孩童都能理解“源头活水”和学习有什么关系。这就牵涉到一个问题：同样是记忆，我们该如何培养孩子独特而有成效的记忆方式。

2007年，英国广播公司报道了一条有趣的新闻，称日本京都大学研究人员在近期一项涉及数字的记忆测试中，将黑猩猩分成三组，与大学生比赛记忆力，结果黑猩猩胜出。

人类竟然比不过猩猩?

这样的结果，令我们匪夷所思。不过我们着实不必为此沮丧，因为大猩猩虽然记忆力好过我们，可是它们记忆力中思考分析成分和灵活应变的能力远远逊于我们人类。人类建立在思考分析之上的独特记忆，使得人类超越其他的动物、成为最有智慧和创造能力的地球生命。

我们人类的独特记忆就是将事物的原形态，通过自己的思维逻辑，进行解构，重新组合，变成专属于个人经历与理解的记忆符号，这种记忆可以称之为解构性记忆。

大猩猩的记忆是照相式记忆，也就是原形态记忆，它看到什么，原原本本地记下来，你给它眼前放一个苹果，它看到的就是苹果，你把它放在沙漠里，它放眼望去，一片荒凉，记忆里也就是荒凉之景。

可是同样在我们人的面前是放一个苹果，想象力丰富的人就会浮想联翩，甚至会和屁股联系在一起；把我们人扔在沙漠里，不同的人也会看到不同的景象，悲观的人看到的是焦渴死亡，积极向上的人，即使没有海市蜃楼，在他的心中也会出现一副美丽生动的画面，来鼓舞他走出沙漠。

解构性记忆，能把眼睛看到的事物经过分析、处理，再储存到大脑里。

我们的记忆是主观的，《达芬奇密码》里有这样一句话："我们眼睛看到的是我们心里所想的。"我们不想看的，我们完全可以视而不见，我们想看到的，又会被我们解构成千奇百态，为我们所用。

纳兹卡荒原上的巨画，有的科学工作者说是2 000年前，外星人建的飞机场；有的说是古代天文图；有的认为是祭祖的图形，还有的认为是道路……各路学者，各执己见，这其实都是解构性记忆在起作用。

我们光是看，不思考，不会有这些五花八门的学说，而我们仅是让孩子不停地记忆，让死记硬背占满了他们的时间，他们还会思考吗？会不会变成一个只会记忆的"大猩猩"？

观察、解构、分析、重组，这一系列的思想活动，是个体生命的差异所在，如果一个孩子连最基本的观察都做不到，只是停留在看的层面上，那么即使他的原形态记忆力再好，最终也只不过泯然众人矣。

我们睁开眼睛，看到的只是视野里的那部分，当我们闭上眼睛，有时却能看到整个世界。睁开眼睛，我们在看，在观察，闭上眼睛我们在思考。所看和感受的客观事物，都是需要消化，理解，给出自己答案的。如果只是走马观花地看，看得越多越迷茫，看而不思则惘，记而不思愈惘，只教孩子记，不去解构，那么孩子长大后充其量是一台活电脑，储存了大量的信息，却没有自己的思想。这样的人可能连最简单的决策都不敢自己做，更甭提成就一番大业了。

如果记忆力如此之好的大猩猩能够像人一样深度思考，它们一定不会甘于被我们驯养，从而导致一场人类与大猩猩的战争。正因为大猩猩的记忆是照相式的原形态记忆，我们人类才得以“高枕无忧”，不用担心世间其他动物与我们争夺主宰地位。这就好比我们在体力上比不过猛虎、狮子；我们在灵巧程度上比不过猴子、猫；我们在奔跑速度上比不过羚羊、豹子；我们在耐渴方面比不过骆驼；我们在耐寒方面不如企鹅……但我们人类的智慧却可以想出各种各样的办法，来弥补所有体能上的局限和不足。

因此，我们大可不必在照相式的记忆方面对孩子盲目满意或者过于苛求。照本宣科、照葫芦画瓢的记忆只会束缚我们的孩童，特别是在应试教育的传统之下，家长被迫跟着升学的指挥棒转，而学生呢，只能跟着家长的“要求”转。结果往往转来转去，转晕了脑瓜，却没有教会我们的孩子掌握科学记忆的方式。

如果我们的家长，不希望培养出来人云亦云的、没有主见的人，就要大胆减少对于传统教育死记硬背的记忆方式的倚重，而是要培养孩子的理解力、思考力，挖掘和培养孩子解构性记忆。

照相式记忆是一种动物的本能性记忆。想把孩子培养成优秀的人才，就必须教会他解构性记忆，真正有创造能力的人都具备解构性记忆。而且这种记忆方法,充满了趣味性,会启发儿童的大智慧,任何一种枯燥的记忆经解构化后都会变成游戏。

孩子对学习的抵触，潜意识里是来源于概念上的和日常教育模式的抵触,而不是真正的厌恶。如果我们把孩童的游戏和学习看得一样重要,每次他看动画片记不住主人公的名字,或忘了某段对白,我们都给他一巴掌,“你咋这么笨呢？”那么他一定对动画片惊恐万分,甚至达到谈“动画”色变的程度。

我们要清醒地认识到,孩子可能不是对学习抵触,而是畏惧家长严厉眼神背后那充满压力的学习方式,只要我们先改变一下自己的态度,学习或许对于孩子来说会变成有趣的事情。

会变戏法的汉字

教学实例：

课外班常常被认为是差生补习班，也就是说在学校里学习成绩差强人意的孩子更有可能被送到课外班学习。

我的学生晴晴是一个很可爱的八岁小女孩,不过,在学校里,晴晴从未找到过自信,因为老师认为她是个笨孩子,甚至连家长都被老师打入到不行的行列。

其实,说孩子不行的老师,他自己很可能也不行,至少他不是一个有爱心的老师。孩子的聪慧是隐藏起来的,大人的笨拙是显露的,我们自己缺乏耐心,没找到适合教孩子的方法,却把责任推到孩子身上。

晴晴的班主任经常用粗暴的方法逼她学习，甚至经常因为她把字写得歪歪扭扭,就把整个作业本撕掉。我们对一个 8 岁的孩子是否多一

些宽容,少一些苛刻呢?

晴晴第一次到我这里上课,眼神怯生生的,我知道,她是怕我训她,因为在一个小孩子的眼里,当部分成年人粗暴地对待过她,她就会以为所有的老师都会那样对她。

“晴晴,我们来玩个游戏好吗?”我微笑着对她说。

“嗯!”她眼里流露出一丝兴奋的光。

“来,晴晴,你到前面来,在黑板上写个‘每’字。”我把笔递给她。

她努力把字写工整。

我又问:“晴晴戴着红领巾和不戴红领巾,是同一个人吗?”

“是!”她很痛快地回答。

“那你在每的左面加个‘亻’旁好吗?”

她认认真真地把‘亻’字旁添上了,然后看着我。

“那,添了一个‘亻’旁的每,和没有‘亻’旁的每,是同一个字吗?”我问。

她摇了摇头。

“嗯,对啦。汉字很有意思啊,加一笔,少一笔都可以变成另外一个字。你说神奇吗?”

“神奇!”她边说,边在黑板上写了个“龙”字,又把它变成了“笼”字。接着她又一口气写了很多个能变戏法的汉字。

这时候,教室里的气氛活跃极了,同学们都争先恐后到黑板上来玩汉字变戏法的游戏。

好高骛远的“骛”字,“好”在这里是喜欢的意思,“骛”是追求。那么古代的人,征战沙场的时候,都是手里拿着矛,跨下骑着马。把“攵”旁想象成一个人,这个人手里拿着矛,跨下骑着马,在往前奔跑,也就是追求。

一个字成了一个故事,学生们很快记住了,调皮的还站起来,装作

骑马飞驰的样子。

后来，再有生字，我就问他们如何记了，因为快乐学习的前提是“主动性”和“创造性”。“饕餮”一词，笔画繁多，可并难不倒学生们。“饕”，泽宇说：“是号称森林之王的老虎，喜欢食肉。”“餮”字，悦擎抢着回答，“是歹徒喜欢吃珍贵的食物。”

这种记忆方法，同学们很喜欢，一节课的时间很快就会过去。

同学们完全掌握了这种记字的方法，而且青出于蓝胜于蓝。

“蛮”字就是学生们自己想出的办法，“这是‘变’字变来的，‘又’变成了‘虫’字，就是‘蛮’了。”

瞧瞧，孩子多厉害，只要激发起了他们的兴趣，让他们掌握了解构性记忆的要领，他们马上知道举一反三了。

不是所有的孩子都要表扬，可像晴晴这样长期找不到自信的学生，我们必须不吝于对她的认可。

我会经常摸一摸她的小脸蛋，或者抱抱她，这样她就会感到除了家人以外，有人爱她，要知道，爱是基于对一个人的认可，孩子感到我们喜欢他，就会变得很配合。

有一次，课间，晴晴让我闭上眼睛，伸开手，然后在我的手里放了一件东西，“好啦，老师现在睁开眼睛吧。”我一看，是一颗棒棒糖。还有什么比小孩感到了我们的爱，又回报我们爱更幸福的呢？

这大半年的时间，我一直在跟晴晴说学习是游戏，夸奖她聪明，并用适合她的方法去教她学习知识。我总是把干巴巴的道理，努力变成生动活泼的游戏。当我想告诉同学们要认真观察生活的时候，就会让同学们都闭上眼睛，然后各自说出其他的同学都穿什么颜色的衣服、头发是什么颜色的，眼睛的大小等。

其实学习知识并不一定要持着严谨的态度，我们完全可以哈哈大笑着学，把所有的学科都通过解构式记忆变简单、变轻松。

儿童的心灵是一颗需要点燃的火种

孩子的天性就是游戏。

解构性记忆适合各个学科，有助于启发孩子的右脑，使一切看似枯燥的学科，变成饶有兴趣的游戏。

我们无论长到多大的年纪，内心深处都还有一颗儿童般的好奇心，那我们何不把人生的一切学习和工作，变成有意思的事情呢？用我们的天性去完成它。当一个人做到发挥自然的心性，那么，再难的问题都会迎刃而解。我们人生的诸多坎坷，其实都可能与自我的迷失有关。

当一个人的心性在社会环境里遭到破坏，他没法做自己的时候，他的主动进取精神就被扼杀了，取而代之的是一种消极的心理，而脑细胞是需要神经系统在兴奋的状态下才会积极工作的，一个人情绪上消极，脑细胞基本处于静态、怠工的状态。长此下去，因为他一直处于原形态记忆的状态下，思维的大门就被紧紧地锁上，锈钝了。

孩子们的创造力是无限的，他们会创造出比我们更有趣、更神奇的学习方法，只要他们喜欢，他们感兴趣。记得6岁那年教弟弟写“3”字，弟弟太小了，总是写错。我向左歪着脑袋，让他看我的鼻孔，这不就是一个“3”字吗？就是这样歪歪脑袋，弟弟以后便牢牢记住了，再也没有写错过。

可几千年沿袭下来的教育方式与我们为人之道的根本在某些方面却是相悖的。

家长和老师在教育孩子的问题上，总是强调把注意力集中在“学习”上，也就是课本上，大人们几乎每天都在命令和斥责孩子：“你不要看动画片了，动画片没用！”“你不要总想着玩，这样不会长进！”“你不要学某某同学，而是要学某某同学！”

我们大人可否考虑过，为什么动画片对孩子的吸引力那么大？有的孩子甚至能大段大段背诵动画片里的对白？

我们的价值观和审美总是带着时代的烙印，比如说，我会觉得自己童年看到的动画片很有趣。《鼹鼠的故事》、《花仙子》、《黑猫警长》等，过了二十几年，还是记忆深刻，回味无穷。而对现在的动画片《机器猫》、《蜡笔小新》却怀着排斥的心理，这种排斥是非理性的，不是我看过了，觉得不好才不看；而是妄加判断，先从心理上就拒绝了。做大人的就是有这种特权，我不喜欢，小孩子就得不喜欢，我的不喜欢就是对的，而不去考虑小孩子的感受。正应了那句话："我们看到的，是我们心里想看的。"可反过来，"孩子要看的，也是心里想的！"假如我们给孩童看的，只是我们成年人想看的，他们会多么的无趣和痛苦，在这样的心理感受下，他的记忆力当然会不好起来。不要说开放他的解构性记忆，就是原形态记忆也无从谈起，因为一旦有了抵触和为难情绪，孩了根本就不想记。

其实知识本身并不枯燥和乏味，现在的小学教育读物撰写也非常注重趣味性，我们可以做个实验，把小学的语文课本封皮换个有意思的，像动画书的名字，再不天天去逼着孩童去学习，他们一定会对课本产生更多兴趣。在轻松的心理状态下，看任何事物都会去主动记忆，主动性是创造性的前提，主动的原形态记忆是解构性记忆的前提。

古罗马著名的教育学家普鲁塔克说过"儿童的心灵不是一个需要填满的罐子，而是一颗需要点燃的火种"，儿童的记忆也是。我们最重要的，是教孩子点燃火种的办法，是让他们感到点燃火种的乐趣，这才是关键。

8.思辨

被程序控制的孩子

贯穿这本书的一个核心就是让家长能够有意识地审视和反思一些传统的教育习惯,从而达到行之有效的教育效果。现在有一个常用的词叫作“与时俱进”,我们所处的环境变了,孩子成长的环境自然也就变了,也许我们无法改变这些变化,但是作为父母,起码要能够看到和想到这些,进而在对子女教育的过程中更加善于应用一些变通的方法。

环境的变化不止是体现在过去的平房变成了高楼、过去的小路都变成了大马路、过去孩子自己上学现在需要家长接送。举个现实的例子,过去我们学珠算,现在用计算器了,我们既要看到计算机带给我们计算上的快捷便利,也要意识到与之相对应的现代孩子在心算珠算方面的“能力退化”。在美国生活过的华人朋友,会有明显的感觉:美国超市里那些稚气未脱的收款员,绝大多数的心算能力都不如中国三、四年级的小学生。推而广之,随着计算机和计算机技术的普及,电脑已经全面进入社会和家庭。那么,电脑这种东西渗透进我们的生活,会不会同时带来一些“隐患”和某种能力的退化呢?

是的,计算机的普及,对于个人独立思考能力的培养和开发有一些挑战。这不仅仅表现在孩子沉迷于电脑游戏之中,还有一些隐形的问题,就是计算机“程序化”的特性。如果一个孩子沉浸在电脑和电脑游戏之中,满脑子都是程式化的东西,那么他对于日常生活的独立思考能力就可能产生“惰性”，如果一个人在12岁以前不注重思考能力的培养和训练，很难在未来漫长的一生中形成良好主动的思考习惯。

不少家长已经有所忧虑，高科技和电子化时代，对于孩子来讲未必就一定是幸福。这种担心不无道理。假如我们人类有一天发展到每个人每天的生活就是对着电脑，而人与人之间、人与环境之间缺乏交流，年轻的一代喜欢用诸如iPad之类的玩意儿将自己与外界“时尚地”隔绝，未来的孩子将发展成怎样一个状态呢？

现在的孩子，已经很少和同龄的孩子及做父母的一起做游戏了，独生子女政策也加剧了这种情势。现在只要一提到游戏，绝大多数孩子首先想到的必定是“网络游戏”，无处不在的网络游戏，与应试教育的某些传统有些相似，就是程序式的灌输和控制。电脑虽然不会掠夺我们的思想，但却在一定程度上僵化和麻痹了我们的思想、弱化了积极思辨的能力。程序化和程序控制正被应用到现实社会的各个方面，例如商业上，在诸如各种“传销”、“营销”的培训模式上，正使当代社会越来越充满商业陷阱。

成年人还好，有一定的辨别能力和自控能力，而一个小孩子一旦依赖上了电脑，那么他的思辨能力很有可能受到影响，或者对现实生活中更多的事情丧失了兴趣。现在，社会潮流迫使每个家庭都把电脑当成了必备的学习工具，每个孩子的学习之余，基本上电视和电脑成了游戏平台，通过电视看卡通片，通过电脑玩游戏，孩子们一直生存在程序的世界里。因此，做父母的要有警醒的意识，就是要防止孩子成为被“程序”控制的芯片。

一名13岁男孩，由于迷恋上了网络游戏，最终从23层的高楼坠下身亡。据他的母亲讲，以前他是个特别怕死的孩子，而网络游戏的力量，使他成为了“勇士”，因为网络中的死亡是可以在复活点复活的，他以为23层的高楼就是他真实世界的复活点。

电脑对他有这么大的魅力，并不能单纯地怪罪孩子没有自控能力，究其原因，我们从孩子懂事那天起，我们就一直在教育他习惯被控制。“大人的话一定要听”、“父母是不会害你的”这类的话，充斥在孩子成长的历程。当然我们家长的控制和电脑游戏的控制比起来，后者更生动、有趣、吸引人。孩子理所当然会选择后者，或者说更容易沉迷。人类有渴望自由的天性，儿童也不例外，孩子不愿意被父母操纵，却陷入被其他东西所操纵的困境，产生自身思辨能力的盲区和惰性。

如果我们在育儿方面，把树立孩子的自我价值体系，培养孩子独立思辨的能力放在首位，对防止类似悲剧的发生是有益处的。

我们的教育就像一出皮影戏，孩子是前面的皮影，丝丝缕缕的线牵着他，我们以为只要孩子乖乖听话，我们的双手完全可以让孩子在他的人生舞台上大放异彩。我们理所当然地认为，我们让孩子动哪个部位孩子就应该无条件地服从。可惜孩子不是没有生命的皮影，他习惯被我们操纵，但孩子的内心从来都不甘于完全屈从；他在这样的教育体系里没有养成独立思考的习惯，人的天性又让他渴望自由，所以他会误把其他的操控当成一种追逐自由的方法，一些问题和悲剧便由此产生了。

家长如果意识到症结所在，就要努力改变我们强制而陈旧的教育方式。我们的出发点不是控制孩子，而是帮助他去独立的思考，只有这样孩子才不会沉迷、不被任何东西所左右。

做父母的首先自己要有清醒的认识，明白电脑并不是祸害，就像公路并不是肇事的元凶一样，家长让学生完全与电脑隔绝并不现实，而是正确而巧妙地加以利用，也只有用好各种符合时代节拍与潮流的应用工具，我们才能更加适应高科技环境下的商业社会。

经验和习惯的反应不是思考

讲到思考,一个小孩子或许比成人更善于思考,而成年人往往把经验和习惯的反应当成思考，然后把这种反应的模式潜移默化地教给孩子,如果我们的心能纯净一些,像孩子一般,才能找回真正的思考,体验到什么是真正的教育，才能不会因为经验和习惯把一个本来具有天赋的小孩子管成平常的人。

平常与普通的传染,是因为大多数人不思考,是按照习惯去做事、去选择,甚至连自己的观点都没有。

成年人很少会抬头去看天空,即使偶尔抬头看到云朵,也觉得很平常,如果天空乌云密布,习惯的反应是要下雨了;小孩子就不一样,他会把云朵看成奇妙变幻的图画,这种角度才是思考,才是成才,成功的必备条件。任何一个小孩最开始都具有这种思考能力，世界对他是新鲜的,他在用自己整个身心去观察,体会世界,甚至他整个身体就像眼睛一样,他用整个身体与世界接触,去触摸和感觉陌生的世界,这时候他的心灵非常的敏锐,可惜的是,孩子的心性却被大人教授的经验和习惯给磨平了。既然我们认识到了这一点,在教育孩子的过程中,就应该站在一个小孩的角度去看问题、去思考,或许只有这样才会有不同于传统的、更有益处的教育,或许只有这样,才能教出一个智慧的、善于思考的小孩。

读书笔记练就思辨能力

计算机时代使人类的“阅读”在搜集、处理信息方面有了质的飞跃。但是,在海量信息流的冲击下,儿童认识社会、获得生活和审美经验的能力并不一定自然增强。

所幸，传统的“阅读”依然是我们当代人的一个生活习惯。在这里，我们强调的是“读书笔记式”的阅读方法。因为这种方法，更容易锻炼和培养孩子的思辨能力，更容易让孩子从他人的思想精华中摄取有益的养分。读书笔记式的阅读强调阅读者和文本、阅读者和作者思绪之间的双向交流和多重对话，是用思考去碰撞思想、用心灵调动生活经验的动态过程。

我们自己会有体会，同样是读书，每个人读过之后的结果却大相径庭。有的人读完书后，内容、情节，不是遗忘就是颠三倒四了；而有的人读过后，内容、情节，记得非常清楚，但并没有什么深刻的体会；但也有人，读过之后，总会有自己的感想，常常是边读边想。例如，我们阅读一些名著和伟人传记，虽然我们和伟人处于不同的时空，但我们却可以通过他的思想与他直接对话。当我们阅读这些文字的时候，会产生强烈的精神共鸣。如果将阅读时的感想记录下来，一些思想的精髓就很容易变成我们自己的人生经验了。

我们可以试着少让孩子写一些应景和八股式的作文，多做一些读书笔记。孩子的生活阅历较浅，倘若我们一味要求他在生活中提炼素材，写出深刻的文章，实在是为难孩子了。比较好的方法是，培养他多读多写，就经典文章发表自己的见解的阅读习惯。我们要相信自己的孩子都具有某种“神性”，即每一个孩子都是天使，他们的翅膀是隐形的，那翅膀就是对生活的热爱和对世界的好奇。

当然，在选择阅读时，一定要找适合孩子年龄段的作品，五岁就读《百年孤独》、《红楼梦》等的想法不一定可取，甚至像《三字经》、《弟子规》这样的蒙学经典，也未必适合当代儿童的早期教育。这些书著，建议孩子在十岁以后再读，并且不是死记硬背，而是要求孩子对里面的内容做自己的分析、理解，讲出哪些合理，哪些不合时宜，为什么。

像《尼尔斯骑鹅旅行记》未必比热炒的《哈利波特》在启发孩子的智慧，教育孩子符合社会规范，向往自由，追求理想方面显得缺乏灵性。

迟书雁：子荐读小学四年级，一次为了要等到我下课后跟我玩，与初一的学生一起上了一堂课。那次我讲的是《麦琪的礼物》，当我要求学生们写读后感时，子荐笑嘻嘻地说："老师，我真的没有什么感想，不骗你！你说，没钱买礼物就别买呗，把头发剪了，用锅煮煮当晚餐多好！"……

当欧·亨利的名作已经超出了一个十岁孩子的理解范畴的时候，效果也会大打折扣。所以，我们也大可不必非要拿一些经典名著来为难孩子。当我们的教育内容符合孩子年龄和心理时，他就会很快乐、轻松的学习；反之，他就会把学习当作莫名其妙和痛苦万分的事情。

选择适合自己孩子阅读的作品，再去帮助他消化、理解、思考，在选择作品时，尽量不要选择那种带有点评的，现成的点评容易强加给孩子某种思维定式，诱导孩子往某个局限的思路上去思考，而且抑制了孩子自我判断、自我辨别的主观能动性。点评应该是读者的事情，每个读者都应该有自己的点评，孩子也是读者，无论他的点评在大人看来有多么荒唐和浅薄，也是他思考的结果。多读书，读适合孩子年龄的书，掌握正确的读书方法，做读书笔记，的确可以帮助孩子从混沌到智慧。同样，帮助孩子在互联网上建立自己的"博客"，也是让孩子自然而然增强独立思考能力的一种形式。让孩子通过与网友的互动，增加思辨的乐趣，增加判断和辨别社会重大事件的能力。任何新事物都有利弊，计算机互联网也不例外，关键看我们如何运用。

苦难教育不可走极端

在管教孩子的问题上,当一个孩子长到了 8 岁以后,我们就要开始宏观地去管教他,千万不要持着“不放心”的态度,要知道,孩子迟早要单飞的。

如果父母期待孩子成为鲲鹏,那么蓝天才是他家,而不是我们为他筑起的窠巢。

既然我们明白这点,就要练就他在蓝天翱翔的智慧和能力,教会他遇到雷电怎么办?遭到风雨怎么办?而不是小心翼翼地在他的童年里,不让他承受苦难,给予他的全是生活的安然。

苦难绝对可以练就一个人的思考能力和适应能力,中国很多家长都能认识到这一点。不过,我们在教育孩子的问题上千万不能走极端。

中国已经出现西点军校等类似的少儿训练营,把小孩送进去,就是让他们吃苦的,刻意地让他们承受苦难。可是这种人为的苦难,结果是只能让孩子产生抱怨,而不是思考。他们不明白,为什么家里明明挺好的,偏让我到这个地方来受罪,是不是爸爸妈妈不爱我了。

一个孩子很有可能这么想,那么这种教育无益于孩子的成长,无益于思辨能力的培养。

如果我们希望孩子经历苦难的历练,湖南卫视变形计栏目之网变,倒是可以给家庭教育一些启示。真实的现实要比人为营造的苦难,更能引发孩子的思考和感受。

16 岁的湖南长沙少年魏程,家境富裕,却不愿意去学校读书,沉溺于网络游戏。后来,爸爸、妈妈为了让他重新回到校园,与青海贫困山区的农家少年互换,真实体验了七天的农村生活,魏程在与农村的“爸爸”、“妈妈”告别时,竟然给他们跪下了,并且答应,回到城里以后好好读书。

客观环境巨大的变化，贫困的生活触动了魏程麻木已久的心，让他开始思考。他所体会到的贫困生活，绝对不是人为制造出来的，而是真真实实存在的，一直生活在城市里的魏程，如果不是亲眼所见，根本不会想到竟有如此贫穷落后的地方！那么多和他年龄相仿的孩子，别说没有名牌的运动服、鞋子，就是连普通的鞋也没有，而是妈妈一针一线缝出来的布鞋。

这一切都让他震惊，震惊之余是深度的思考，我们人类的心灵必须有广度才会产生思考。当我们总是处在一种生活状态的时候，心灵就会产生停滞，思考的能力在不断地退化。

生活点滴练就思考

孩子应该体验学习以外的东西，比如说做家务。家长不能为了确保孩子的成绩，包办孩子的一切事务，给他做饭、洗衣，甚至是铺床、洗澡等等。

当一个孩子过了 8 岁，完全有生活自理的能力，那么就得让他自己去做。这并不影响孩子的学习成绩，而会更加促进孩子的思考能力。

当孩子要吃水果的时候，我们大人常常把水果洗净、去皮，甚至切成块，做成水果沙拉，再端到孩子的面前。整个劳动过程都由大人代替了，大人辛苦不说，也在无形中剥夺了孩子的生活体验。

要知道在整个制作水果沙拉的过程中，孩子可能就会展开丰富的想象，甚至编一个生动的童话故事。

迟书雁：我小时候，每次喝粥的时候都会很慢，妈妈在一旁不断地催促，“快点吃！一会儿上学就要迟到了。”可是我依然聚精会神地，用勺子一粒米一粒米地往外捞。气得妈妈恨不得打我一顿。

后来，妈妈不再给我做粥喝，因为我喝粥太慢了，要耽搁很久的时间。

虽然我们的生命是有限的,但我们也不必太紧张,尤其是小孩子,他磨蹭,可能会有他的原因,一定要观察他为什么要这样做。我们千万不要单凭表面现象去给孩子下定义。

大人往往会这样教育孩子,吃饭就要有吃饭的样子,怎么拿筷子、怎么夹菜,咀嚼不要出声音等。

仿佛一个小孩子如果从小不懂这些规矩,长大注定会成为一个素质低下的人。可是,我们的许多规矩,会扼杀孩子对生活的好奇,会抑制孩子的思考能力。

相对的自由可以激发一个孩子的思考,而当他感到束缚时,他大脑里更多的是想到如何能摆脱管束,这对成长毫无益处。

一些规矩,等到孩子12岁以后再告诉他不迟,12岁之前千万不能因规矩压制了孩子思考的活跃性。

迟书雁:我喝粥那么慢,是因为我每次都在编故事。

我把自己想成一个古代的人。

国王很爱吃鱼,命令我到大海里捞鱼,可是我舍不得让那些优哉游哉的小鱼失去自由,失去生命。所以,每次都一只一只往外捞,是那么迫不得已。

我把米粒想象成了小鱼,把粥想象成了大海。

小孩子的想象力是丰富的,他似乎在做一些极其无聊的事情,在浪费时间,可是那只是我们大人的看法,他们可能正在无意识地锻炼自己的思考能力,我们大人应该尽量提供给孩子想象和思考的空间。

孩子有没有思考的能力,完全在于我们大人平日里的引导。

学生帅达曾经在整整一堂作文课上,就是玩一只蚂蚁,他先是把蚂蚁的身上放了两根小棍子,然后又把它放在一只塑料盒里,不停地往里注水,任小小的蚂蚁在“汪洋大波”里翻滚……

很多时候，孩子都有可能在做这样看似无聊和浪费时间的事情，其实这整个过程，都是孩子在思考和想象的过程，他驰骋在自己的想象世界里，远远要比听我们生硬的大道理强得多。

后来，我问帅达，为什么变着法地折磨那只可怜的小蚂蚁。他告诉我，据说蚂蚁能承受比自己重大约500倍的重量，还很坚强。他不信，所以亲自试验一下，没想到蚂蚁真的经受起了考验，如果是人类早就完蛋了。

一个幼小的生命就像一颗绿芽，我们做家长的要能够灵活而全面的扮演各种角色，仿佛阳光、土壤、空气、水等。要想成功扮演好这些角色，我们就应当首先改变我们的态度，要学会探寻儿童内心的和外在的现实世界，而不是家长式的管教和训斥。世间没有什么事情，是一定要通过加重嗓音摆出辈分地位的权威性去完成的。儿童教育也是一样，我们说话的声音越轻柔、越温和，就越少地负面影响了孩子的思考能力，而是放飞了孩子的心灵，让他的心灵真的比天空还广阔。

9.创造力

抱怨的副作用

“我们生得太晚了!似乎已经没什么可创造和发明的了,几百年前、几千年前生活的人真幸福。就是随便发明个电灯泡也能成为科学家。”

“是呀,过去的人很容易成为什么家,而我们就不行了。可创造的空间越来越小。”

……

在日常生活中,我们常常听到类似的抱怨,我们习惯于把自己的不成功归罪于客观环境。无论生活还是工作中遇到问题,我们首先想到的不是自省,改正缺点,努力改变,而是为自己找理由开脱。这种思维方式其实是一种习惯的熏染和负面的教育传承。

小孩子刚一生下来的时候虽然是赤条条的,但是造化给予他们不同的礼物,其实每一个孩子在未接受教育前(当一个婴儿能感知外界的环境,就已经开始被动或主动接受人化的教育了)都有他独特的天赋,都有可能成为一个什么家,可惜的是这种与生俱来的财富大多数被环境的熏染和错误的教育方式毁掉了,而最具毁灭性的言行就是抱怨话。

抱怨其实是在否定自己,否定自己的创造力,并不一定是客观环境和自己的能力真的差劲,是在气势上就偃旗息鼓了,甘愿流于平庸。

不是现在的人,几百年,甚至几千年前已经有人开始抱怨时代的不幸。

安徒生有则写于 1869 年的童话故事，里面的男主人公是个很想当诗人的青年人，他想在复活节前创作一首诗歌，然后靠写诗来生活。

他知道，写诗不过是一种创造，而他却不会创造。

他出生得太迟；在他没有来到这个世界以前，一切东西已经被人创造出来了，一切东西已经被作成了诗，写出来了。“一千年以前出生的人啊，你们真是幸福！”他说。“他们容易成为不朽的人！即使在几百年以前出生的人，也是幸福的，因为那时他们还可以有些东西写成诗。现在全世界的诗都写完了，我还有什么诗可写呢？”

那是两个世纪以前的时代了，在之后无论是西方还是东方文坛，又涌现出了很多著名的诗人。如果安徒生童话里的那位主人公能变成现实世界的、现代的人，不知道他会有何感想？

抱怨就像一个大包袱，把我们本来轻松的脚步变得沉重；它把我们本来挺直的脊梁压弯；它把我们的视线从蓝天坠到地上……

这种抱怨最容易由家长在日常生活中对孩子产生影响。我们这一代人，就听过父母的种种抱怨，诸如升迁和加薪的不公平待遇、社会风气的不尽如人意，生意场上股市当中的意外挫败等等。父母在竞争的社会面前缺乏斗志、缺少强势，儿女耳濡目染的自然是各种抱怨和畏难情绪。抱怨者看到的不是成功者在创业经历中独到的创造力，而是悲观地寻找自己的“弱势”，比如资本没有别人大，机会没有别人好。殊不知，其他外部条件都是有可能改变的，关键在于自己主观上，是不是有自信，是不是富于创造力。

为了孩子，每一位家长都需要卸掉自己身上的包袱，一身轻松地面对生活，把生活中的抱怨和工作中的曲折都化解为快乐生活的动力，哪怕只是为了孩子的未来，我们也要乐观。我们要坚信每一个孩子都可能成为某个领域的佼佼者。

习俗影响创造力

迟书雁:我和与我同龄的小姨小时候都用左手拿筷子,长大后,我依然如故,可小姨早就改成用右手拿筷子了。

姥爷是一个很封建的老人,每次小姨用左手拿筷子,他都会毫不留情地用铁勺子敲小姨的脑袋,久而久之,小姨变成了一个规矩到木讷的孩子,很早就嫁做人妻,过着并不如意的生活。

每次我们通电话,她都感慨、羡慕我的自由,羡慕我拥有可以自我做主的生活,而她却在婚姻的樊笼里难以自拔。我想,我这样有主见,跟没受过太多的习俗教育有关,爷爷从不会让我遵守什么规矩,只要快乐就好,如果我小时候每次用左手吃饭,都会被家长打,可能我的脑壳早就坏掉了。

几十年后的今天,家长们已经开始注重右脑的开发,甚至有意让自己的孩子多动动左手,以便锻炼右脑,如果姥爷能活到今天,他会不会后悔对小姨的打骂规矩教育呢?如果姥爷和爷爷一样的天马行空,小姨的命运有可能会发生质的转变。

我们约定俗成的一些规矩实际上都有可能对我们与生俱来的勇敢和创造力造成伤害。

在孩子成长的过程中允许孩子保留一些与众不同的习惯、保持一颗天真烂漫的好奇心是很有必要的,可以说没有好奇心就没有创造力,但现实是,家长常常为了一些无所谓的规矩,扼杀了幼小生命的创造力。

我们对任何事情都熟视无睹,麻木不仁,那么我们怎么可能去创造呢?我们得敢于向传统挑战。

不要害怕一些未知的东西,更不要畏惧传统的观念。

每个时代,都会有一种社会习俗,而这种习俗会影响人们的创造力。当少部分人能摆脱这种习俗或者出污泥而不染的话，就会凸现于浮世之上，成为时代的精英。

模仿与创造力的冲突

国内许多品牌运动鞋的标识，包括较知名品牌都与国际知名运动鞋耐克的标识有相似之处，好似东施效颦。这种现象，表面上看只是商业的抄袭，是我们利用了国际名牌的品牌效应。实际上是我们的商业创造力都陷在一个模仿的泥潭里难以自拔。作为商家，完全有可能请设计师设计出别出心裁的标识，可商家和设计者因为出于对品牌及美誉度建立的实际成本考虑，只能忍痛放弃需要承担商业风险的自主创新而采用更加“讨巧”的模仿。这种模仿之风也反过来助长了消费者和设计者的双重盲从。设计者一接受任务，一想到标识，马上联想到世界几大著名运动鞋品牌的标识，无形中就给自己的设计思路定下了个框框。商家似乎也是被消费者的审美逼上梁山，从消费者的角度，一直认为耐克和阿迪达斯等国际品牌的标识是最美的，现实萎缩了我们的设计创新能力。

我们从这个现象反思，是不是当前整个社会都需要更大的创新自信呢？如果我们做家长的，都在教育观念和教育方法上因循守旧、不敢突破、不敢创新，又怎么能够培养出富有创造精神和创造潜力的孩子呢？

孩子成人化的过程基本上是一个从模仿起步的过程，从吃饭到语言，到学习各种学科知识，都离不开模仿，他必须在学习中成长，而学习的方法基本上是以模仿为主的。这是人类成长必须经过的阶段，我们在模仿中逐渐丧失了创造力，仔细想来，真是有些得不偿失，可是我们不得不这样做。

模仿与创造力的冲突，在之前是没有教育工作者给予足够重视的，而“模仿”与“创造力”互相作用与反作用、抑制与反抑制的攻防关系，是值得我们重视和探讨的，尤其是在这个空前讲求创新的年代。

在育儿的过程中，模仿与创造力的培养不可偏废。在应试教育的体制下，孩子在学校接受的可能是大量的模仿教育，那么在家庭里，家长应该最大限度地保护他的创造力才可以。

迟书雁：翔宇是一个非常喜欢军事的孩子，学习成绩并不突出，但我相信他长大后一定可以成为优秀的人才，因为他的母亲是一位有远见、宽厚的女性，她给了儿子一个自由的、充满想象的童年。

她不拿成绩来评判自己孩子的好坏，她告诉翔宇只要和自己比就好了，而不是跟其他的同学比。她给翔宇买全套的军事用品，翔宇的绰号是贝克军士，他放学后，经常穿一身迷彩服，挎着仿真枪在小区里搞“军事活动”，我想他玩的时候一定把自己当成真的军人了，一定把小区当成了危机四伏的战场。

他的作文不是中规中矩那种，却充满了想象和灵性，他的军事知识绝对可以让一个大人汗颜，他的理想是长大后当菠菜委员会的会长，至于那是一个什么机构，反正到现在我还没弄明白呢，从字面上理解，可能是研究菠菜的吧？

小孩子看似胡闹的行为正是具有创造力的表现，不允许孩子胡闹，就是在扼杀孩子的创造力。“不要！”“不行！”“不可以！”……类似这些“不”打头的句子，我们一定要尽量少用。

泽宇非常淘气，也常常不把我这个老师放在眼里。

一次上课，我要用画图的方式来讲解写作文的方法。这个小家伙居然和我抢手里的笔，要自己来画。我灵机一动，让所有的孩子都来用图画的方式来表明自己写作文的过程。

有的孩子把写作文的过程比喻成吃肯德基，有的当作是搭积木，有的比喻成乌龟爬……看似与作文毫不贴边的东西，孩子们都能把它们

联系到一起。

让孩子们主动做，远比大人教要好得多，我们教他，他在模仿，他们自己来发挥，他们在创造。

如果那次作文课，不是泽宇淘气，我只不过能把作文比作盖楼，这是一个多么庸俗、没有创意的想法，我们做老师和家长的还常常自以为是地向孩子兜售这些平庸。

一个有创造力的孩子，他必须拥有自然的心性。在我们的童年，自然的心性是不需要刻意保护的，而现在的孩子，他们所处的客观环境容不得他们有一个纯净、自然的心性。一脸世俗气的“小大人”比比皆是，那我们就更要对孩子的自然天性和状态倍加呵护。

其实只要我们意识到这一点，自然的状态是很容易保持的。如果孩子在12岁以前什么都不想学，就是爱玩，我们也应该给予充分的理解，而不是声色俱厉的呵斥。玩，其实是儿童放飞思想、锻炼创造力的最自由自在的形式。

不过那种“玩”绝对不是电玩、不是卡通碟片、不是泡网，而是亲近大自然的游戏。

大自然有一种神秘的力量，可以教会孩童创造力。

当一个孩子把更多的注意力转向自然，他会久久地凝望一片树叶，他观察到蚂蚁搬家，知道一棵树与另一棵树的叶子完全不同……那么这些都是大自然在教他创造力，给他一种创造的力量。

我们要有这样的信心：如果我们的孩子能从嘈杂的城市喧嚣中听出市井以外的天籁之音，那么他长大之后，无论做哪一行，都会有杰出的表现。

时间需要浪费掉一部分

有位资产过亿的企业家,让自己年仅9岁的孩子离开了学校,请专业的老师在家里单独授课。

一个9岁的孩子,可以说是处于懵懂的年龄,他在学校,需要的不仅是文化知识的学习,还有与他人关系相处的学习,与同龄孩子在一起的天真、烂漫。可这位父亲,却武断地把孩子从群体生活中拉了出来,像过去大户人家的公子哥一样,请起了私塾先生。

过去人家的公子哥,家里有很大的宅院,有很多人口,出门也可以跟街坊邻居家的小朋友们玩。现在的城市生活,把一个儿童放在家里,就等于断绝了他与同龄人的交往。这对一个孩子来讲是最大的残酷。

这位父亲却言之凿凿,学校的六年制课程,在家里三年就学会了。理由是老师要教那么多的学生,每堂课会浪费很多时间,请私人老师,时间会被有效地利用。

这位企业家无论如何也不能明白, 就像一幅水墨丹青有重墨也有留白一样, 小孩子的时间是有必要浪费掉一部分的。这就像我们的呼吸,必须吐故才能纳新,给孩子一些空间和时间,貌似"浪费",实则不然。如果我们每个人只知道争分夺秒,而不知道劳逸结合相得益彰,那么这个世界,只会更加无趣和机械,只会更加缺少创造力,绝大部分人都成为模仿者,被少部分有创新野心的人左右。

这位父亲的育子目标就是把孩子培养成一个企业家, 继承他的产业。封建社会讲究子承父业,连皇权都是世袭的,可现实无情,大多逃不出"富不过三代"的规律,包括不少亡国之君。为什么会这样呢? 大概就是因为,有的人并不适合做生意,有的人并不适合做皇帝,外界的力量将他的命运推上了这个位置,他只得违背自己的意愿从之,结果呢? 到最后他可能败得很惨,比如南唐后主李煜,他如果不是出身皇族,是多

么好的一位词人啊。

我们做家长的，千万不要过分惧怕孩子“浪费时间”，“浪费时间”是一个怎样的标准呢？没有被关在房间里学习就是浪费时间吗？不抱着书本啃就是浪费时间吗？也许做家长的迫于环境压力，不希望自己的孩子“输在起跑线上”，才有了补习班的人满为患，才一窝蜂地把孩子的周末时间统统占据。

如果让一个孩子除了睡觉和吃饭，其他的时间都用在学习上，这个孩子更有可能变成个学习的机器、记忆的机器，而不是一个会思考、有创造力的人。给孩子留一些时间和空间吧，就像一幅画必须留白，就像呼吸必须有呼才有吸。

灵感是创造的前提

被誉为世界发明大王的爱迪生，一生只有过三个月的读书生活，却拥有 2000 多项发明专利。他有句至理名言——天才就是百分之九十九的汗水加百分之一的灵感，但那百分之一的灵感是至关重要的，没有这百分之一，那百分之九十九的汗水很可能是做无用功。

“灵感”是创造力的先决条件；“灵感”绝对不是模仿学习能得来的，而是在模仿学习的成长过程中，灵性得以激发。

我们在用传统方式教育孩子的过程中，常常忽视了孩子的心性，而是用成人的眼光来要求孩子。在孩子看来，尤其是 10 岁以下的儿童，成人是无所不能的。

小孩子在反驳别人的时候经常会用这样说：

“我妈妈这样说的”。

“我爸爸就是这样做的”。

“我们老师是这样教我们的”……

每当家长和老师在给孩子有意无意地灌输一个概念时，孩子出于“被教育者”的本能,通常会认为大人说的都是对的,很少提出质疑。

如果我们成人,每一位都是拥有大智慧的人还好,可惜的是,我们大多数只不过是普通的人,我们的认识也不过是普通的认识,甚至有的时候是错误的认识。

当我们的观点在孩子的心中一次又一次地确认的时候，我们也在逐渐把孩子变成一个普通的人,把孩子纯净的心性,有创造力的心性普通化、模式化。

我们在育子的过程中,“说得多,听得少”这是极普遍的现象。我们很少听孩子说话,甚至觉得他们什么都不懂,说的全是混话。这不能怪我们做父母的,因为我们也曾经是孩子,我们的父母,甚至我们父母的父母都是这样被教过来的。其实,当家长给子女讲道理的时候,孩子大多数时候也是不能或不愿意理解的，可是他却被迫全盘接受了我们的唠叨。

当教育的方式形成一种民族化、家庭化的惯性,那我们很少去思考它的正确与否,是可以理解的。

我们全是被教平凡了的孩子,然后又成了平凡的大人。

我们也曾经是有灵性的，可是我们的灵性在琐碎的生活传统中磨灭了。

那么,我们痛定思痛,就要保护好我们孩子的灵性。

在育儿的过程中,我们要多倾听孩子说话。假如我们除了关心他们学习方面的事情,再也没有耐心听其他的,甚至认为孩子的话基本都是幼稚的,那说明我们没有尽责。

我们要知道,在很多方面、很多领域,孩子敏感的心性比我们看到的还要多,还要深刻。

听他说、看他做,当我们管好自己的嘴巴时,我们会发现自己的孩子绝对是一个真正的天才。孩子的灵性在我们专注聆听的眼神下，会无限发挥。要知道，被灵性点燃的灵感，就是无形的创造力，那就是成就爱迪生、成为伟大科学家的力量，成为各行各业精英的希望。

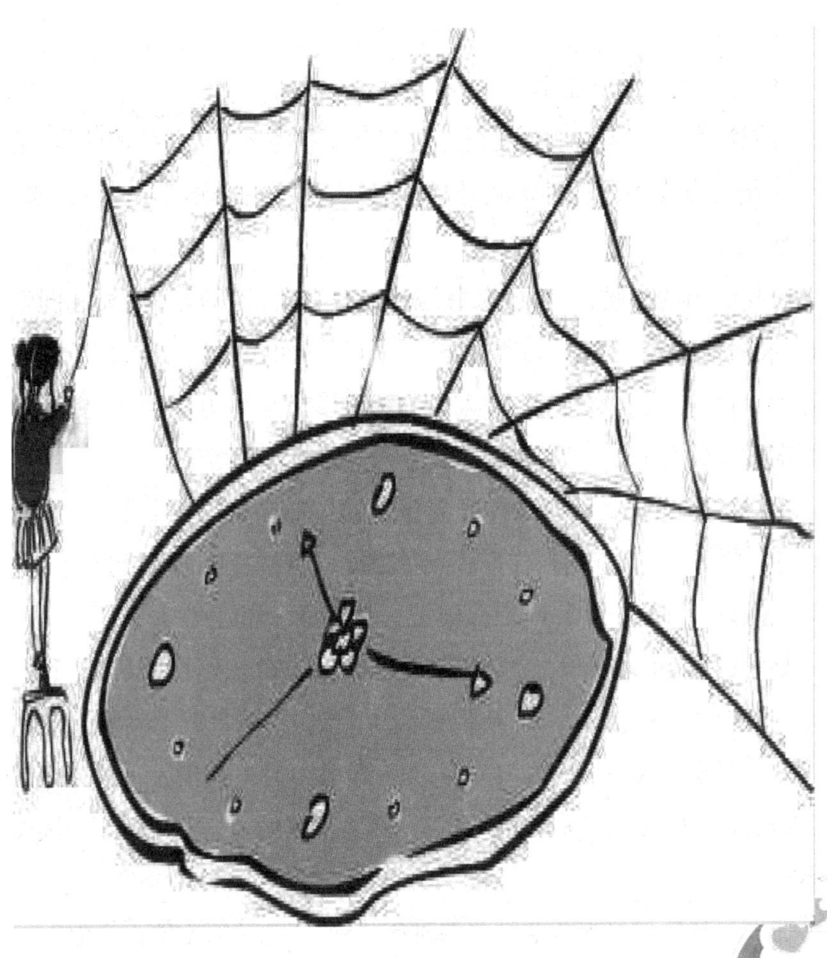

10.善良

智慧的善和愚钝的善

“仁者无敌”,语出孟子。

我们拥有五千年文明历史的华夏民族,是很崇尚善良品德的,可是中国文化又有许多矛盾冲突之处,民间还有这样的俗语“人善被人欺,马善被人骑”。

在我们小的时候,去学校念书,家长总忘不了会叮嘱:“不要和同学打架,要团结友爱。”这样的嘱咐,充满了仁爱,而且那个时候,孩子们之间打架,即使打得头破血流,大人也不会过多责怪对方的孩子,更不太会要求索赔什么的。

不过,现在的家长,有这样叮嘱孩子的:“如果有同学欺负你,你就反攻他。没事儿,有爸妈帮你撑腰。”如果孩子真的跟同学打起来了,占上风了还好,若是吃了亏,哪怕擦破了一点皮,家长也会没完没了。

是我们现在的孩子太金贵了,还是做父母的观念变了?甚或是我们现在的社会风气已然不像从前那般淳朴,“善良” 似乎成了窝囊废的代名词。难道是因为中国的人口太多,只有争强好胜才能出人头地?抑或是,现在人与人之间的关系变得冷漠,要从小就培养“竞争”意识,从小就要学会“争斗”?

在一个越来越追求商业利益的时代,“善”究竟还值不值得提倡?

“仁者”到底是无敌?还是被人欺?家长对于孩子正确的指导或者偏

执的纵容,将直接影响到孩子怎样看待这个世界,看待这个世界的善行与美德,也将最终导致决定这个世界人与人之间、商业与商业之间、利益与利益之间的秩序。

做父母的确是两难:从培养孩子的优良品德讲,我们要教育子女乐善好施;从增强孩子的竞争意识和生存能力讲,父母又不得不教他们学会冷静和凶猛。那我们究竟要如何把握,才能既维护了社会普遍的善良风气,又让自己的孩子在激烈的竞争环境下“不吃亏”呢?

首先,做父母的,自己要能够分辨“有益的实用”和“有害的无用”这两种辨别善良类型的经验。与此相对应,我们大致可以把善分为两种:一种是智慧的善,另一种是愚钝的善。

智慧的善是一种发自心底的仁爱,是保证自己安全的前提下,一种人性光辉的闪耀,就是对社会、对自己周围的人和事做出“有益而实用”的举动。这种善并非没有尺度,但在总的趋势把握上,是对整个社会的社会风气和社会思潮的改良有所助益,对社会文明进步有所助益。

《司马光砸缸》是我们耳熟能详的故事:一个小伙伴不小心掉进了装满水的缸里,大多数小朋友们都没了主意,或者手忙脚乱地做无效的救助。危急之时,小司马光沉着冷静地想到了用石头砸缸的办法。这就是智慧的善,在我们的生活中,我们往往出于好心,却没有达到助人的效果,甚至有的时候起到了反作用,好心做坏事的情况并不少见,智慧的善是发乎于善,行善的举动又真正取得了助人的效果。智慧的善还表现在,如若缸里是猛兽之类的东西,无论如何也不能去救,因为它会危害到我们的生命,诚然这样讲不是教孩子“舍义取生”,而是要衡量这种舍是否有价值。

愚钝的善常常显示出缺乏对事物实质的辨别,显得经验不足和没有尺度。较有代表性的是《农夫与蛇》故事中的农夫。那是丧失自我甚至无谓地牺牲自我的善,“有害而无用”,甚至会贻害社会。

什么时候该善?什么时候该坚守,不会让善变成自己的和他人的恶果,的确需要智慧。

善绝对是人类内心向往的那种美好的品格,既然善是人心所向,那么当一个具有智慧的善的孩子出现在你的面前,你会联想到所有美好的、纯洁的词汇;那么这种善就是通行证。

狼性与抗狼性

人在出生的时候,并不知道善恶为何物。只知道饿了要吃、困了要睡……只知道本能地寻求维持生命的基本需求。

我们说狼是恶的,尤其是在童话故事里,狼一直扮演着十恶不赦的角色,那是从我们人类的视角看的,可是从狼的视角,它们必须维持生命。就像我们人类的最低级的需求是要填饱肚子一样。

我们人类是杂食动物,而狼是肉食动物,在生物链中,就决定了它需要用其他的动物的生命来维持自己的生命。

我们人类呢?我们可以靠五谷杂粮填饱肚子,还要去吃其他的动物,这样讲来是不是比狼还要残忍?

我们的善,只是在我们自己类群里的行为罢了,我们的善是抛开动物性的自己,有了智慧以后上升的一种品格,但它并不专属于人类,动物界有的时候比我们做得更好。人类的杀戮和战争,比动物界的适者生存更加充满血腥和缺乏理性。

那么,作为我们人类,我们何以向善呢?

这也就是我们必须要智慧地善。要保证既不做别人的鱼肉,也不要鱼肉他人。

我们教育孩子向善,要围绕着“增加狼性和抗狼性”的原则。

其实“狼性”并不是恶的代名词,狼的群族是最团结的。那么作为21世纪的人才,就必须具备狼性的善,也就是带有一种刚毅、果敢和判断力的善,无论是男孩子还是女孩子都要做到这点。那种拖泥带水,中庸的善已经不符合时代的潮流。

我们在教育孩子的时候,要让他有一双慧眼,能分辨出哪些是真正需要施善的对象。否则,善可能纵容了别人的恶,或是别人的懒惰,反而把被施善者推向深渊,那我们岂不是以善的名义,做了恶事!

香港某富商不远千里去探望一直捐助的偏远山区的农家。发现这家人连筷子都没有,而他家的屋后就是一片竹林。富商问:“为什么不去砍枝竹子做筷子?”这家的主人只回答了简简单单的两个字:“麻烦!”后来富人中止了对农家的捐助。

这种善必须终止,否则助长了农家的懒惰,长此下去,农家的人可能连地都不能种了,一个有劳动能力的人,却不愿意劳动,宁可伸出手来乞食,是不值得我们同情的。

这种捐助与受捐助的关系是畸形的,也导致了善行的变形。

在中国各个城市的繁华街路的街头,都可以看到各色行乞的人。仔细观察,路人中,能对其进行施舍的常常是不满十五岁的孩子。这些人虽然不能说全是江湖骗子,但大多数都是游手好闲者,而他们就是利用了人们的善良。

当人们的善良被利用,只是一种懦弱。

当路人被乞讨者抱住大腿强行求乞,那么行乞者,岂不成了抢劫犯,在光天化日之下进行软抢劫。这样的例子,数不胜数。

当我们无奈地碍于面子或其他的原因妥协,那我们的行为还能称之为善吗?

我们是不是在助纣为虐?

那些被弄断了胳膊、腿的儿童,被犯罪团伙当成求乞的工具,难道不是在我们所谓的善举的名义下,纵容的恶吗?我们虽然没有直接拧断那些可怜的孩子的四肢,但我们却是有罪的。

做观音像不做夜叉像

智慧的善必须是在自我安全的前提下,而且善并不一定是惊天动地的大事迹,生活中的小事完全可以体现善,甚至眼神、笑容、举止都可以流露出这个人是恶的还是善的。

相貌是恒久的表情,表情是刹那的相貌。

有一位雕刻家,本来长得很好看,端庄和善。

可是有一天,他照镜子时,发现自己的相貌变得非常丑,面部线条扭曲,一脸横肉,看上去很狰狞。

雕刻家难过极了,想了很多办法,访遍了中医西医,也查不出毛病。后来,他找到一位德高望重的法师。

法师对雕刻家说:“我可以让你恢复到以前的面貌,但你必须先帮我做点事情。”

雕刻家连忙回答:“可以,可以。要我做什么?”

法师说:“我要你在我的寺庙里帮我雕塑几座观音像。”

于是,他就开始帮法师雕塑观音像。

作为艺术家,他会不由自主地模仿观音的神韵。

观音的神韵是善良的,是美好的,是慈悲的。雕刻家日复一日的辛勤工作着,不知不觉中自己的身心、面部表情受到调整。

半年过去了,观音像雕塑好了,雕刻家发现自己的面目变丑的毛病

也被治好了，他又像很久以前一样的端庄好看了。

雕刻家问："师父，是您的功力帮我治好的吗？"

法师微笑着说："不是，是你自己把自己治好的。"

原来这位雕刻家在前些年中大量雕刻的是鬼怪，是夜叉。他不由得就模仿夜叉鬼怪那些狰狞可怕的丑陋表情，久了就沉积为自己的相貌。

观音的塑像是千百年来被凡人雕刻出来的，凡人在塑造观音的时候，集中了一切的慈悲、善良、愉悦和美好。

当雕刻家雕刻的时候，又不由得去模仿这些美好的表情和相貌，于是不知不觉把自己调整过来了。

通过这个故事，我们就可以体会到，"善"是平时的修为，是由生活中的小事积累而来的。

常给人以微笑而不是横眉、常给人以宽容而不是妒忌、常给人以理解而不是恶言……如果做到这些，即使不去做那些轰轰烈烈的大善，已经是善了。

坚守自己做人的底线

善的智慧还在于了解和参透事实的真相。

璐璐和红蕾是很要好的朋友，又在同一所学校、同一个班级读书。

璐璐是优等生，红蕾学习成绩不好。每次红蕾都要央求璐璐帮着写作业，璐璐心里不愿意，可是她想，我们是那么要好的朋友，我怎么好意思拒绝她呢？于是她一直在帮红蕾完成家庭作业。有的时候考试两个人挨着，红蕾也会示意要璐璐给她传纸条。璐璐觉得这个要求不对，可她们是好朋友，她是不能拒绝的。璐璐一直觉得红蕾的要求不对，却一直在碍于情面在做，结果，不但红蕾的成绩越来越差，连璐璐的成绩也在不断地下滑。因为红蕾还会要求璐璐陪她玩网络游戏、陪她逛街，渐渐地璐璐的行为由被迫到习惯，成了与红蕾一样的人。这就是懦弱的善，分不清是非的善。虽然看来是生活中微不足道的事情，却完全改变了自己的生活轨迹，也没有真正地去帮助朋友。

我们做家长的，一定要注意孩子与同学的关系，当他出现上述璐璐的情况，不是要制止他们的交往，而是要教育自己的孩子，建立正确的观念，让他明白怎样做才是真正地帮助同学。因为在孩子的成长过程中，在他长成大人以后，他所接触的人，是不受他控制的，而他与他人的关系，却完全可以由自己掌握。无论遇到什么样的人，都坚守自己的行为和道德底线，既要去适应社会，又要做一个拥有智慧的善的人。

迟书雁：我在给十三岁的女孩雪纯做家教时，会通过一些文学作品，启发她做人的方式和底线。

萧红的作品《手》，里面的王亚明是个懦弱而愚笨的女生，当她一次次被校长、老师、同学嘲笑，她做出的反应仅仅是“嘀、嘀、嘀……”地傻笑。

当我问雪纯如果自己是王亚明的话，会怎么做？

雪纯回答：“那就完了！”

要知道，一个孩子，一直被爸爸、妈妈呵护大的孩子，其实无论外表有多么活泼，遇到问题的时候，大多数时候表现得是手足无措的。

我叮嘱雪纯：“当你遇到这样的事情时，一定要反击。如果第一次，你就断然地反击，他们绝对不会有第二次、第三次。第一次就一定要制止。”雪纯点了点头。

智慧的善绝对不是一篇文章、一次说教能解决，也像孩子的其他方面一样，要一次一次地确认，成为习惯，成为他固有的品格。

教孩子与人为善，那么我们必须要他懂得自我保护。

我们大人作为孩子的监护人，不能把孩子当成宠物一样，拿着绳子把它拴上，就感到时时时刻刻安全了，孩子绝对不能这样教育，所谓监护，也不是把自己当管教，把孩子当犯人，这样只能让孩子离危险更近。

教会孩子明辨是非，才是最高明的监护办法，才能掌握善，能利人利己。而且善的意义，不仅仅是善本身。善就像一缕阳光，加上智慧在里面，不仅照亮了自己，使自己成为有光环的人，还会照亮所有的黑暗。

11.诚信

撒谎是普遍现象

赵煜堃:诚信不仅是一种品质,更应该成为一种习惯。

十多年旅美生涯,在中美之间穿梭往返了几十趟,常常被国内的朋友问起:你感觉美国和中国最大的差异在那里?

环境和空气?公路和交通?食品的安全与卫生?真正的义务教育?医疗保险体系?舆论的自由与监督?腐败的蔓延与制约?

这些“常规性”的回答,已经被成千上万的海龟们总结得很全面了。而在这一系列的异同之外,我还有一点特别的感受,无形却印象深刻,那就是——诚信。

如果一个国家的国民、一个民族的特性中缺乏诚信的牢固基础,那么这个社会就很容易滋生谎言和欺骗。特别是面临商业转型的社会中,普通民众会越来越缺乏安全感,久而久之就会丧失信任和秩序。

假如我们吃饭会吃到霉米、喝酒会喝到假酒、做菜会用到假油、看病会领到假药、股市会遭遇人为的圈套、买房会碰上防不胜防的陷阱,甚至坐在家里都会被送上门的各种“推销术”所骚扰。那么,我们的未来会怎样地恶性循环呢?

欧美世界给我最为深刻的印象就是普遍的、自觉诚信的社会特性,诚信就是踏实感和安全感。诚信和欺骗仿佛笼罩在人类头顶的两个不同的“气场”,前者让人放心,后者最终将导致秩序的混乱与崩溃。中国

要真正成为世界强国，文化的自信和社会道德的提升不可或缺。这其中,诚信至关重要。而建立诚信的社会风气和秩序,关键的关键就是“从娃娃抓起”,让诚信不仅成为一种品质,而且成为一种习惯。

诚信是我们全体国民需要加强的品质、是对于未来商业社会保持良好规则的期待和要求。不过,以我们的人生经验观察,会发现每个人一生都可能撒过谎。康奈尔大学教授杰夫里·汉考克最近就美国社会的撒谎现象进行了研究。研究表明,在美国社会,人们撒谎是很普遍的现象。中国如若做类似的调查,撒谎也定然是常态。

那么,怎样把握撒谎与诚信的界限?怎样教育儿童讲究诚信身体力行?怎样看待谎言在某些场合下的“合理性”?怎样协调这两个貌似不可融合的对立面?

连我们大人也常会被一些概念搞糊涂,更何况一个孩子。所以,我们在育子的过程中,既是孩子的第一老师,又永远是一个学生。我们要虚心地、不倦地学习新思想、新概念,以便顺应时代的变化,这样我们才会教育出符合时代要求的精英。

我们先从一个耳熟能详的故事来讲解“谎言”。

从前,一个放羊的孩子在一个离森林不太远的地方放羊。村民们告诉他,如果有危险情况发生,他只要大声呼喊救命,他们就会来帮他。

有一天,这个男孩想和村民们开个玩笑,以便从中找乐。于是,他就一边向村边跑,一边拼命地大喊:“狼来了,狼来了。救命啊！狼在吃我的羊！”

善良的村民们听到喊声,放下手中的农活,便拿着棍棒和斧头赶过来打狼。可是,他们并没有发现狼,于是就回去了,只剩下放羊的孩子看着他们气喘吁吁的样子捧腹大笑。

放羊娃觉得这样挺有趣。

第二天男孩又喊:“狼来了,狼来了。救命啊！狼在吃我的羊！”人们又来了，不过没有第一次来的人多。他们还是没有看到狼的影子，只得摇了一下头又回去了。

第三天，狼真的来了，闯进了羊群，开始吃羊。

男孩惊恐万分，大叫："救命！救命！狼来了！狼来了！"村民们听到了他的喊声，但他们想放羊娃可能又在耍什么花招。没有人理睬他，也没有人走近他。

我们先来分析这个放羊娃撒谎的心理，用现在的话来讲只不过是恶搞罢了，孩子出于童心只不过想调节一下枯燥的放羊生活。

他不懂狼的攻击有多么可怕，他完全想象不到狼来了的结果。这是一个天性活泼的小孩，他想给自己的生活找点乐趣。可是他没想到，乐趣的结果是招致灾难。

诸如此类撒谎的情况在我们现实社会中的孩子身上是很难发生的，他们不能理解这个故事。他们只是在看热闹，或许还会觉得放羊娃挺有趣，挺能搞笑。

"不能撒谎，撒谎的孩子被狼吃。"这样的警告只会让孩子愕然。

现代生活令我们尴尬：羊和狼，早已远离城市孩子现实与想象的东西了。

如果把这个故事的核心思想搬到现在，无论编什么样的故事，似乎都缺乏合理性。

谎言并不都是恶的，还有善意的谎言，一句不能撒谎，是把谎言的积极意义也抹杀了，而且一个人不可能做到不撒谎，那么人类根本做不到的事情，何必去为难孩子呢？

我们教育孩子如果落入某种窠臼，实则是孩子的不幸。

迟书雁：晴晴是个很想讨大人喜欢的孩子，她在学校里学习成绩不理想，我是知道的。有一次，她把别的小朋友写的作文改成了自己的名

字，拿给我看，那是一篇得优+的作文，字迹工整、脉络清楚、语言生动，而晴晴写作文经常会出现语句上的错误，字也潦乱。看着晴晴喜悦的，希望得到我赞扬的神情，我的心里百感交集。沉默了片刻后，我摸了摸她的小脸蛋说："孩子，你的这篇作文写得真棒！以后就照这个标准写。"

我不能揭穿她，因为我知道，如果把这个她编织的想哄我开心的谎言揭穿，对于一个孩子来讲无疑是沉重的打击。

尽管她想通过这种方式找到自信，得到他人的认可，出发点是不对的，但是孩子的这种想法不是我们批评她一次就能解决的。问题的根本在于晴晴暂时写不出这么优秀的作文，可她又渴望能像同学一样得优+。

我们大人不必谨慎得像个执法的法官，如果我们的孩子发生像晴晴这样诸如此类的撒谎现象，我们完全可以采取灵活变通的方式，有意淡化事情的性质本身，而从积极的方面入手，帮助孩子进步，同时让她（他）明白，只要努力，她一样能做到，而她（他）真的做到的那一天，也就再也不需要撒类似的谎了。

放羊娃是为了消遣一下寂寞的生活，晴晴是为了找到自信（虽然方式不对），当我们面临孩子这些类似的谎言时，请不要残忍地揭穿他，而是在生活中悄悄地给予帮助和改正。

我们可以坦然地告诉孩子，这个世界上一直都有谎言存在，从古至今都是如此，日常生活中的谎言，只要不涉及他人的利益、不是恶意蒙骗别人，对弱者的谎言，我们也不必太求全责备。

逃避责任的谎言最可怕

孩子有一种谎言，是家长必须注意到、及时加以纠正的。那就是逃避责任的谎言，因为一个不敢承担责任的人，未来也可能无法承担社会重任。

孩子逃避责任的谎言常常是被大人逼出来的。如果我们的孩子已经有了这种谎言,我们必须及时纠正孩子的行为,但同不要忽略检讨我们自己。

一个学生的母亲常常埋怨孩子爱撒谎,甚至为此打过他无数次。可是越打他,他越没记性。

有一次,这个孩子不小心把花瓶掉到地上打碎了,还没等妈妈问。他就慌忙地说:“不是我打的!是家里的猫蹿上去,碰倒掉地上的。”结果母亲又给他一顿扁,边打边大吼:“以后不准撒谎。”

大人就是孩子的天,我们中国有句俗话,老天是公平的,苍天有眼。可是母亲这片天,如果出了问题,常有阴霾和暴风雨,会直接影响孩子品格的塑造。

这个孩子不敢说实话,是因为说真话要挨打。我们人类都是逃避痛苦、追求快乐的。这种逃避痛苦的方式,是一种自然的反应。如果他的妈妈想改掉他说这种不敢承担责任的谎话,是必须改变自己的态度的。

如果她换一种方式,当花瓶打碎后,她说:“孩子,没关系的,以后我们注意!”如果这样做,孩子可能就不会因为惧怕挨打而撒谎了。

逃避责任的谎言，隐瞒真相的谎言，都是孩子平时最容易犯的错误,我们很容易用成人的眼睛去识破,但同时却容易忽视一个问题,那就是这类谎言通常和父母的粗暴严厉不无关系。

当孩子的考试成绩没达到大人的满意程度，那么大人就会对孩子一顿斥责。情急之下,上有政策、下有对策,孩子只能被逼着涂改成绩,或是虚报成绩。

一旦这种隐瞒真相的谎言被火眼金睛的大人识破，对他施加打骂呵斥。那么孩子逃避责打的本能可能导致的反应不是下次不撒谎,而是更加“智慧”地撒谎,希望能侥幸骗过家长。

孩子撒谎的原因其实是想逃避应当承担的责任和大人的斥责，如果父母对孩子做错事报以宽容的态度，首先让孩子从心理上解除恐惧，孩子是会逐渐改掉撒谎的毛病的。

在日常生活中，我们也会发现这样一个值得反思的现象，我们越是去纠正孩子的缺点，反而他的这个缺点越是明显，甚至因为逆反而更加根深蒂固。

是孩子太顽劣，还是我们的教育方式有问题？

在经过调查研究后，发现大人在教育批评孩子的时候总喜欢用这样的句式：

“其实你是个好孩子，就是爱撒谎。”

作为一个成长中的孩子，他对自己的认识很多时候是大人给灌输的，那么我们长此以往地说他：“你是个好孩子，就是爱撒谎。”是把“爱撒谎”的偶然现象，渐渐强化成了他的性格特点。

我们教育的一些误区和盲点，就是常常习惯于从反面去教育孩子，所用的语气都是“负面”的责备。家长不妨换一种方式，如果想让孩子尽量少撒逃避责任的谎言，我们完全可以鼓励说：“你是一个勇于承担责任的孩子。”这样，孩子渐渐地就会在我们正面的确认下养成优秀的品行。

我们对诚信的理解应该是言而有信，敢于承担责任。

巧诈不如拙诚

曾子的妻子到市场上去，她的儿子要跟着一起去，一边走，一边哭。妈妈对他说：“你回去，等我回来以后，杀猪给你吃。”

妻子从市场回来了，曾子要捉猪来杀，他的妻子拦住他说：“那不过是哄孩子的话。”曾子说：“决不能这样骗孩子。小孩本来不懂事，要照父母的样子学,听父母的教导。现在你骗他,就是教孩子骗人。”于是曾子把猪给杀了。

这件事情如果搬到现在,简直让很多家长觉得小题大做,过去一头猪,基本等于现在的一辆“宝马”,起码也值辆“现代”了,我们答应孩子把车砸喽,就要真的砸,这还着实需要很大的勇气。

可是不去砸的结果,就是告诉孩子我们答应过的事情,完全可以不办,别人说的话,也可以当作耳旁风。这样的做人方式,是不大好的,是活脱脱不讲诚信的例子。养成这样的习惯,长大后可能要吃大亏。

一名刚大学毕业的女生,在海外的网站上开了个网店,人家老外汇款买电脑,她把钱花个精光,电脑却不发,完全把合同当作废纸一张。结果呢,老外把她告上法庭,这个女生不但要赔人家7000元钱,还要蹲半年监狱。

女生在法庭上痛哭流涕,说什么没脸见父母,说什么涉世不深。

哎!她的父母,在她小的时候一定常常骗她,所以女生觉得骗骗人无所谓。这下子,“无所谓”到牢房里了,看来,我们如果一不小心头脑发昏,答应了孩子砸汽车玩,那一定要动真格的啊。庄子都说了,“真者,精诚之至也。不精不诚,不能动人”。

庄子把“本真”看作是精诚之极致,不精不诚,就不能感动人,这就把诚信提高到一个新的境界;韩非子则认为“巧诈不如拙诚”。的确是这样,即使是欺世盗名,最后也得被人揭穿,真相是任何东西都遮掩不了的。

华盛顿小的时候砍樱桃树的故事,几乎全天下的人都知道了。

那是他父亲最喜欢的一棵树,却被华盛顿砍倒了。但小华盛顿敢于在父亲盛怒的情况下承认错误,让父亲觉得这样的品质比樱桃树本身宝贵得多。

父亲就是从一件件小事上对华盛顿进行诚信和责任的教育,才使

他成年后具有了非凡的智慧和人格魅力。

同样是美国总统尼克松因在“水门事件”中撒谎败露而被迫引咎辞职；克林顿也因为在见不得光的绯闻案中撒谎而险遭弹劾。上述实例中，一位因诚实而受到爱戴和尊敬，两位因逃避责任的撒谎而在政史上留下污点。

一个真正成功的人，绝不可能靠巧诈钻营蒙骗大众而长期得逞，如果父母期待子女有个光明的未来和长久的幸福，就别轻视诚信。人越是往高处走，就越需要诚信的护卫。

诚信无疑是种美德，但美德并非行为准则

北宋时期著名的文学家和政治家晏殊，14 岁被地方官作为“神童”推荐给朝廷。他本来可以不参加科举考试便能得到官职，但他自己却要求考试。事情十分凑巧，那次的考试题目是他曾经做过的。这样，他不费力气就从几千名考生中脱颖而出，并得到了皇帝的赞赏。但晏殊并没有因此而洋洋得意，相反他在接受皇帝的复试时，把情况如实地告诉了皇帝，并要求另出题目，当堂考他。皇帝与大臣们商议后出了一道难度相当大的题目，让晏殊当堂作文。结果，他的文章又得到了皇帝的夸奖。

晏殊当官后，每日办完公事，总是回到家里闭门读书。皇帝了解到这个情况后，十分高兴，就点名让他做了太子手下的官员。当晏殊去向皇帝谢恩时，皇帝又称赞他能够闭门苦读。晏殊却说：“我不是不想去宴饮游乐，只是因为家贫无钱，才不去参加。我是有愧于皇上的夸奖的。”

皇帝又称赞他既有真实才学，又质朴诚实，是个难得的人才，过了几年便把他提拔上来，让他当了宰相。

晏殊为人诚实，表里如一，不弄虚作假，这是我们应该学习的。

那来自于内心深处的真诚，不仅是一种美好的品质，也是作为人的

最大魅力，可以为我们赢得更多的机会。

诚信无疑是种美德，但美德并非行为准则。

我们应该把孩子教育成具有诚信品格的人，而不是在生活中一句谎话都不说的老实人。

说谎是人的一种本能，至于是否诚信，关键在于谎言的性质。

撒谎是我们日常生活中一个重要和常见的现象，也是一种为人处世的艺术，如果我们对一天的行为做记录，那么就会发现，我们每天都在说谎。

我们必须正视：有些谎言实在与诚信的品格没有关系。一句在不直接伤害追求者基础上表达拒绝爱意的谎言、一个在盛情难却下而又不愿意使邀请者失望的谎言在人际交往中是不可缺少的。

诚信是我们人类应当具备的品质，但诚信的人并不等同于一辈子一句谎话都不说的人。

我们在教育孩子的时候，自己首先要有个清楚的认识，哪种谎话是允许偶然的采用，哪种谎话是千万要不得的。

一些善意和无奈的谎言被允许存在，也更能体现人性的复杂和"以人为本"的文明开化，而那些影响到品格问题的谎言则会使诚信大打折扣，甚至致使一个人道德败坏。

12.勇敢

勇敢与尚存的野性有关

人类的天性都具有着无畏和大胆的特质，而在我们的成长过程中，却渐渐地对客观世界产生畏惧心理，越活越胆小。

这是一个自然的社会心理变化过程，因为当人类有了智慧以后，也随即产生了自私的心理，自我保护的心理。我们越具备人性，就越是最重视自己也最爱自己，也就越来越胆小。人类文明的进程，似乎并没有令“胆量”与时俱增。

纵观历史的发展，我们反而会发现，某些大无畏的精神和人类的动物性在一起退化，九零后的孩子，腮部基本都比以前的人窄，在他们当中越来越难找到先辈的方脸膛。据说，那是因为人类的牙齿功能也在退化，我们还是猿人的时候，茹毛饮血，当然需要一副金刚铁齿，而随着食物的精美化，牙齿的咀嚼功能逐渐退而居其次，美观胜过了实用性。

我们的孩子不仅是牙齿在退化，勇敢的野性气质也在退化，现在的男孩子、女孩子动辄要用“可爱”来形容，见到老鼠和蟑螂会吓得大惊失色。如若是几百年前、几千年前的人穿越时空来到现代社会，也许会惊讶于我们这种过于“精致”的文明。

勇敢的确与人类血液里尚存的那一点点野性有关。

勇敢不是鲁莽

21世纪的人类,到底还需不需要勇敢？需要怎样的勇敢？

答案是肯定的,如果人类文明到丧失了勇敢,那生命就会如花朵失去了色彩。勇敢绝不仅仅是男孩子的事情,也与女孩子有关,勇敢是当代社会激烈竞争环境中能够脱颖而出的必备品质,没有性别差异。

当然,我们所讲的勇敢不是鲁莽,前者是一种智慧的体现,而后者是不经大脑的胡作非为。

举两个实例来对勇敢和鲁莽进行本质上的区别。

2005年11月，七岁的女孩袁媛被评为中国骄傲年度人物之一,她的爸爸、妈妈在洗澡的时候不幸煤气中毒,小袁媛超乎寻常的镇定和勇敢,先是把煤气关了,然后用衣架顶开了玻璃窗,让室内的空气流通。之后,她拿爸爸的手机分别给110和120打了救助电话,很准确地留下了家庭住址。

是她争取了救助爸爸妈妈生命的宝贵时间,使双亲得以生还。

一个七岁的小女孩,如若不具备机智和勇敢,肯定会被这种场面吓得号啕大哭,而在痛哭里,不仅父母会双双丧命,连自己的性命都可能遭遇不测。可见,勇敢是多么重要,这是我们的孩子将来从容面对纷繁复杂的商业社会所应该具备的必要品质。

2004年9月15日晚,某大学学生李灿把洗过的衣服晾在宿舍阳台上,室友胡同学从阳台路过时,水珠滴在了身上,两个人因为这件小事,大动干戈,盛怒之下,李灿从桌子上操起一把水果刀,对准胡同学的左肩部就是一刀,胡同学被送到医院后因失血过多死亡。李灿由于故意伤害,致人死亡被判处死刑,缓期二年执行。

看来心胸狭隘与鲁莽是对孪生兄弟,几滴晒衣服滴下的水珠,也能

成为致人死亡的导火索。

我们回顾一些凶杀案,经常都是一些芝麻大的小事情引起的,那种缺乏广阔胸怀,只会鲁莽行事的“勇敢”却是一件很可怕的事情。

鲁莽的行为,经常都是因为生活中的小事而动怒,然后很快激化成了血案。如此的“勇敢”是需要摒弃的。

独立才能真正勇敢

我们做家长的要如何做, 才能培养出勇敢的孩子而不是鲁莽的孩子?

勇敢的人首先应该是一个独立的人。

许多中国家长很爱自己的孩子,爱到了寸步不离的程度。生怕孩子脱离了父母的照顾,就会被人拐跑、被车撞到了,或者出现其他的什么状况了。这种心理很像契诃夫《装在套子里的人》对别利科夫的描写,即使是艳阳天他也要打着伞、脸总是藏在高领大衣里、耳朵要塞着棉花,口头禅是“千万别闹出乱子啊!”

我们生活在这个世界上,无时无刻不面临着意想不到的风险,理所当然得有对于各种危险的防范意识,不过手段和方式却很有讲究。

小女孩袁媛能在父母危难的时刻挺身相救,除了她的勇敢外,也得归功于校方的教育,在学校里,老师教过学生们万一遇到煤气泄露的情况该如何处理。袁媛是完全按照老师的教导去做的,如果学校里没有上这么实用而精彩的一课,仅有勇敢和镇静,袁媛未必能救得了父母。

我们大人,要教孩子遇到危险怎么处理,处理的方法,而不是分秒不离左右。

看管式的呵护,只能把孩子管束成一个胆小鬼,一个只要说话就是以“我妈说了,或以我爸说了”为开头的、没有主见的孩子。我们大人会看孩子一辈子吗？我们的孩子也会长大的，等她长到多少岁，我们才能放手。“有一种爱叫作放手”，这句话不仅适用于爱人之间，也适合家长和子女之间。圣爱是需要放手的，而不是去禁锢被爱者的自由。

迟书雁：有一位36岁的下岗女工，在花甲之年的母亲陪同下，要拜我做老师，学习写诗。她的目的是靠写诗生活，看着她盲然无助的眼神，我知道我不能欺骗她，而是要说实话，虽然我的实话对她来说可能是个打击。

我告诉她，我不能收她做学生，她需要的也不是学写诗，而是勇敢地面对生活，走出家庭，去找工作，一份能养活自己的工作。写诗不是全部的生活，是生活的凝练，“写诗”更不可能成为逃避现实生活的良方。

我为这位母亲感到伤感，她是千真万确爱她女儿的，可是这位36岁的、靠她供养、不争气的女儿，是她一手调教出来的，如果她从小就教她学会自立，而不是依赖，绝对不会出现今天的状况。

家长朋友们，如果我们不希望自己的孩子到30几岁的时候还依靠我们，那就早一点让他自立，让他学会自己的事情自己干，告诉他人生是自己的事情，任何外力都仅仅是外力，不可能起到决定性的作用，关键在于自己，要能够勇敢地去面对生活。

这个道理，越早让孩子明白对他的人生越有益处，如果他到三十几岁还不能明白，不仅是孩子的悲哀也是父母的悲哀。

我们自己必须清楚，作为父母我们自己也不是万能的，我们主宰不了孩子的命运，不是说光有爱就能呵护他一辈子，更不是只要把他放在一个安全的位置上就能保孩子一生平安。

担心车祸，就要每天牵着他的手接送放学；

担心他在外面上当受骗，就断绝他与外界的交往；

担心他生病，孩子咳嗽一声也会紧张得要死，仿佛天要塌下来了。

……

我们有太多的担心，这担心里面饱含着我们的爱，可是这种爱却不是圣爱，我们的担心会让孩子恐惧外面的世界，我们的担心会让孩子觉得只有在爸爸、妈妈身边才是最安全的，我们的担心会让孩子不想长大。

而我们由担心做出过度的看护，反而把孩子变成了一个弱不禁风的人。一个害怕自己单独闯天下的人，甚至不清楚自己是一个应当独立的个体。

那么我们什么时候才能放手呢，放心让孩子一个人去面对属于他自己的世界？是在他十八岁，还是二十岁？如果觉得孩子成熟得晚，会不会到三十岁还不放手？很多不够勇敢的孩子，其怯懦性格的养成，恰恰是在他的儿童时代，在父母羽翼下受到了过度的保护。我们把孩子管得越多、越久，孩子就越缺乏自信，就越不能自立。

一个不自立的人，何谈勇敢呢！

中国的父母真是用心良苦，给孩子买保险，要考虑到孩子八十岁的时候一个月能拿到多少钱。从出生管到八十岁，这是多么荒谬的伟大。

现代的父母一定要明白：孩子的命运其实掌握在孩子自己的手中。

苦难要自己承担

我们应该教会孩子勇敢，不！勇敢不是教会的！

准确地讲，如果我们不抹杀孩子勇敢的天性，而是加以引导和保护，那么孩子到了一定年龄，自己成长、生存，适应社会是没有问题的。

他摔跟头、他走弯路，那都是他自己的事情，生命的任何体验，别人都不能代替，只能自己去感受。也唯有自己亲身经历和感受，才能真正迅速地成熟。

我们愿意在孩子面前扮强者，无论我们承受着多大的压力、面对着怎样的难题，都不会在孩子面前讲，让孩子觉得父母真是强大。可是，真正开明和高明的家长，会选择做一个真实的父母，甚至会把自己、家庭面临的问题讲出来，让孩子知道人生在世，难免会有不称意的时候，我们除了学会坚持、勇敢地面对，也要懂得妥协和承受。这样真实的父母，才会让孩子从小就体会到真实的世界、真实的人生，而不是生活在表象里。

真实的生活，不仅有幸福和安逸，还有曲折和苦难。

做家长的有必要让孩子知道，当我们承受某种痛苦、挫折甚至是苦难的时候，别人是爱莫能助的，只有自己担当，自己坚强，才能度过困难。所以，我们在日常的教育中，就要教会孩子承受一些小痛苦，身体上的、精神上的。

如果他不小心摔了跟头，我们千万不要做出紧张的样子，而是从容地告诉他没关系，自己爬起来；如果他用削笔刀割破了手指，淌几滴血，我们也不要吓得面如死灰，其实疼痛只不过是一种感觉，如果孩子看到我们很镇定，他的疼痛感也会减轻；如果孩子因为小宠物死了而痛哭流涕，我们要告诉他，生命就是这样，有生必然有死，而且我们也要坦然地告诉孩子，我们自己早晚也要死，这是自然规律，任何一个人都无法违抗；如果孩子因为某个同学的误会而感到委屈，那我们就要教导他勇敢地去和同学解释，让他知道这是件再正常不过的事情，我们一定要采取积极的态度；如果孩子因为数学题做不出，而感到头疼，我们也要告诉孩子，这也是很正常的现象，我们暂时休息几分钟，调整一下心态，然后再去攻克难题，只要有勇敢的精神，一切的困难都会迎刃而解……

迟书雁：学生都说我是一个善良的老师，可有一件事情让我明白，对孩子过度的爱并不见得是好事。

一个周末的下午，我和一群孩子在操场上玩，一对小姐弟穿着旱冰鞋疯跑,弟弟一不小心重重地摔在了地上。我紧张地跑过去,想把他扶起来,姐姐赶紧对我说:“老师,我们摔倒了一直都是自己起来的,你让他自己站起来。”

小男孩龇牙咧嘴地“哼哼”了几声,揉了揉屁股,一下子站了起来,又快乐地滑行着。

没过几天,我正在讲课,翔宇突然说:“老师,等会儿”。我以为他有什么即兴的问题要问。“等会儿,好像鼻子出血了”,他用手指堵住鼻孔,我赶紧领他去卫生间,一会儿工夫洗手盆里淌满了鲜红的血。我不断地给他递纸巾,好不容易血才止住。马桶里扔满了染成红色的卫生纸。

大概过了一、两分钟的时间,血终于止住了。在这个过程中,我不断地说:“小孩子都容易出鼻血,或许是火力旺。我小的时候也是……”

本来我想帮他把马桶冲了,但想起那天小姐姐对我说过的话。我还是狠下心来说:“把马桶冲了,自己的事情自己做。”

在孩子面前,我们经常扮成巨人的角色,但家长朋友们,我们要明白,他不可能永远是我们羽翼下的小乖乖,他早晚要长大、早晚要面对外面的风风雨雨。如果想让一只小雏鹰能成长为翱翔长空的雄鹰,那么就必须让他在童年就明白,他的快乐或许有人分享,但他的痛苦不一定有人能替他承担,就得让他明白,磕磕碰碰乃人生常态。

如若不然,他一直在父母无微不至的呵护下成长,一旦走上了社会,会发现现实社会和自己的家差别太大了,处处是冷漠和残酷,到处充斥着尔虞我诈。他会被这种突如其来的变化吓懵而丧失了竞争的勇气,有的甚至会失去生存的勇气。

所以,尽早让孩子经历些摔打和挫折,并不是坏事。关键是我们能够和他一起经历。

我们要和孩子并排站着,虽然他还没长大,我们还不能肩并肩,但是父母要有柔软的“身段”,放下家长一成不变的“架子”,俯身去轻声告诉孩子:不要怕,做一个勇敢的人,去克服人生道路上所有的困难。

13.坚毅

锻炼孩子选择的智慧

南辕北辙的故事，是告诉我们行动与自己的目标背道而驰的道理，那个想去楚国的游客，走错了方向，他的马越好、盘缠越多，车夫越善于驾驭，离楚国也就越远。

这个游客听不进去任何人的规劝，执拗地往错误的方向前行，他的这种坚持如果是用在亲子教育上，对孩子的成长非但无益，反而有害。

中国式的教育，孩子成长的道路基本上是父母费尽心血铺筑的，可是一个大人的思考并不一定适合孩子的天赋发展和培养方向。如果我们替孩子精心选择的人生方向是错误的，那么越是坚持，孩子离成功与幸福就越远。

坚毅不仅需要恒心，还需要智慧，一种选择的智慧——该坚持的时候努力坚持，该放弃的时候果敢放弃。

这种选择的智慧是一种熏陶与锻炼，更要符合孩子的心灵。家长在给孩子购置衣物的时候，可以完全按他的喜好选择，这样可以让他形成主动选择的意识，更何况衣物的审美，可以说没有标准，自己喜欢就是标准，像生活中这种无伤大雅的事情，完全交由孩子做主，他渐渐就会形成一种选择的思考习惯；家长在工作中如果遇到了该选择的事情，只要孩子七岁以上，就可以征求他的意见，“妈妈（爸爸）遇到了棘手的问题，你来帮我想一想该怎么办？”即使孩子的主意幼稚可笑，我们也要给他锻炼选择的机会;涉及孩子自身人生发展的事情,更要尊重孩子的意见,诚然,小孩和大人比起来,阅历和经验方面是欠缺的,这时我们就要在平等与尊重的前提下指导孩子,最后商量出一个最适合孩子成长的、孩子自己又满意的方案。

如果在生活中,我们事事都给予孩子选择权,他一定不会犯那个驾车去楚,却完全走错了方向的游客的错误。

人生中的大方向是正确的,父母和孩子都具备选择的智慧,那么我们再来谈坚毅,一切都会变得轻松、容易和快乐,生命也会因此而圆融和丰满。

愚公精神不可取

愚公家前面有一座大山,他决心把山移走,最后他的精神感动了上苍,帮他把山移走了。而其间智叟劝过他,费那么大力气移一座山,恐怕一辈子都完不成,莫不如搬家。

如果我们的孩子具有愚公般的坚毅精神,只能说是一种悲哀,客观分析,我们作为人,重要的是靠自己,一切的力量都来源于内心,当这种力量找到合适的外力,就会产生不可估量的成就。

可是外力与内因是一个互相支持的关系。我们期待外力,是期待与内因相称的力量,并不是把所有的希望都寄予外界的帮助。

如此分析,愚公般的坚持,是明知不可为而为之,最后上天帮了他,他实现了搬走大山的愿望,那算是一种中彩吧?而不是坚持赢来胜利的正常因果关系。

我们教育孩子,就是要他懂得一种正常的坚持与胜利的关系,不要让他对外界有过多不切实际的期待。

坚毅在于平时的修为

“你长大要做什么？”

当我们问孩子时，他的回答可能让你瞠目结舌，可能让你大跌眼镜,也可能让你云里雾里……

孩子们不会再像我们小时候那样老老实实地回答:我要当科学家、当作家、当老师、当医生。他们可能会说想当总统、可能会说想当电影明星、还可能会说当黑社会老大,甚至说想当上帝的可能也有。

这个时候,千万不要和孩子的“理想”较真,而是要告诉他,无论长大想当什么,都必须具备坚毅的品格。

而坚毅从学习和生活中的小事上都能体现。

孩子,尤其是刚上学的孩子不一定都喜欢写字,许多孩子喜欢说,喜欢画,但就是不爱写字,更不喜欢和习惯写作业。写字对于他们来讲,太枯燥、太呆板了。那么就是写字这么一种小学生的基础训练,就可以锻炼孩子的耐性。坚毅并不总是遇到大风大浪、大灾大难才考验人,坚毅品格的培养,更多时候恰恰在于平时的一点一滴认真坚持。

耐性是坚毅接力跑的“第一棒”。

而家长和老师,正是将这“第一棒”传递给学生的“领跑者”。我们大人的行为习惯,孩子们都看在眼里,都可能是他们模仿的对象和榜样。因此,如果要让孩子有耐性,当家长的、做老师的就必须自己首先要耐心:耐心指导孩子做作业、耐心看待他们的进步和失误、耐心帮助他们巩固成绩修正错误。我们必须时刻提醒自己,在孩子们面前我们正扮演着坚毅品质的“形象代言人”。

当他看我们做某件事情全神贯注时，他当然也会对某些事情倾注耐性。我们不必刻意要求孩子在每一件事情上都必须有耐性和坚持,培养孩子耐性的事情俯拾皆是,比如拼图游戏,孩子们可能有兴趣,那拼图就是锻炼孩子耐性的一种良好的方式。我们现在的家庭很少有家务做,妈妈也不打毛衣了,不需要小孩子缠线团,其实诸如缠线团这样的家务活也是培养耐性的。做家长的自己先要意识到:培养孩子的耐心,不能只体现在学习方面,很多教育,从生活中演示,会得到事半功倍的效果。

坚毅在心理上需要对于耐性的培养,而生理上,强壮的体魄体能,是孩子客观上实现坚韧的"童子功"。凡事要讲科学,一个身体健康的孩子,坚毅对他来讲就容易做到,而一个"病秧子",难免出现"心有余而力不足"的窘境。体力的充沛和精力的充沛是成正比的。做爸爸妈妈的,不仅是孩子心理上的启蒙老师,还是孩子体能上的训练师。当今的家庭结构里,独生子女占多数,孩子们从小就缺少玩伴,自然也就没有太多的体育锻炼项目,孩子们不但心里感到孤独,活动、游戏的机会也很少。这种情况下,做父母的就需要常常扮演一下小朋友的角色,让自己回到童年和孩子一块玩,在有些培养耐性游戏中因势利导,教会孩子坚毅。

"亲子游戏"是非常好的锻炼身体的方式。现在的"小胖墩"越来越多,就是因为孩子们营养丰富,但缺少运动。现在的生活条件,早已不是一日三餐都无法正常满足的时代了,家长不必过分注重孩子的营养,只要在饮食上均衡就可以。尽量少吃所谓的保健食品,如果觉得孩子的功课多,不如引导孩子多运动,动静结合,脑力活动与体力活动相结合。加强孩子的体能锻炼,比跟着电视广告补这补那有效得多,也理智得多。

坚毅不是麻木的习惯

我们都生活在现实中,方方面面都受到各种各样的外在条件制约,然后我们产生了一种错觉,以为在制约下被动的向上行为就是坚毅。

有多少人靠闹铃叫醒?有多少人靠老板催促和公司的赏罚工作?又

有多少孩子在家长、老师的看管下完成学业？

坚毅不是被逼迫出来的，大人们朝九晚五地工作，那不是坚毅，只不过是一种生存的方式。

孩子也一样，如果家长把他们每天的时间设置得满满的，他被动地去学习，那也与坚毅无关，而是对生活的一种妥协和承受。

坚毅应该是发自内心的、向上的动力，就像一株向日葵，它努力朝着阳光的方向生长，让自己的颗颗籽粒饱满。

一个人从童年开始就对生活麻木，那么他心中真正的、坚毅的源泉可能会干涸，我们如果想培养孩子坚毅的品格，就要往他的心田里注满甘甜而清冽的泉水，而不是让孩子在程式化的、看管式的教育下耗尽了心泉。

快乐的坚毅

坚毅首先是他对一个把事情感兴趣，然后满腔热忱，一如既往地做下去，并在其中找到乐趣，这才是有益的坚毅。而我们概念里的坚毅常常与痛苦联系在一起，什么头悬梁、锥刺骨，十年寒窗苦。这其实是对坚毅品格的一种曲解。

坚毅应该是一种乐趣，对理想执著追求的乐趣，那也是人生真正的幸福，即使在追求的道路上，亦能感到快乐。

无论别人看你有多么的苦，而你自己心里是体味到快乐的，这才是坚毅的根本。

如果没有兴趣，就不会有耐心，如果没有耐心，坚毅就成了无源之水、无本之木。

万科的董事长王石很喜欢登山，他说："每个人都是一座山，世上最难攀越的山其实是自己。"我们的整个人生最重要的是体验，那种快乐的体验。王石先生如果从登山中体验不到快乐,他断然不会乐此不疲地去登上一座又一座山峰。

正是这种在不断攀登中发现的乐趣,造就了王石坚忍不拔的毅力。5·12 汶川地震发生后,王石因为随性的言论而招致网民的愤怒,这完全出乎他的意料,在他匆忙宣布万科对灾区捐款一亿的情况下,仍然不能取得网民的谅解,万科和王石同时遭遇"入道"以来最大的"危机"险峰。在这场和全中国网民的怒火"为敌"的攻坚战中,王石同样表现出一个攀登者的坚毅:说服股东、增加捐款、定向支援、无条件道歉等一系列危及公共的灵活手段,充分显示出其坚忍不拔、训练有素的坚韧性格。

如果我们自己热爱生活,我们的孩子就会与我们一道热爱生活、热爱生命。生活中若有了"热爱"这种能源,就容易发现美的、感兴趣的事物,就一定会享受到快乐的坚毅。

获得第 71 届奥斯卡最佳外语片、最佳男演员、最佳原创电影音乐三项大奖的电影《美丽人生》讲述了这样一个故事——

活泼乐观的意大利青年圭多是个犹太人,他在一个小镇遇见了心仪的姑娘多拉,经过几番巧遇和努力,他终于与多拉结婚,并生了一个可爱的儿子约书亚。可是,好景不长,纳粹在约书亚五岁的生日上抓走了圭多一家。为了不让孩子的心灵蒙上阴影,在惨无人道的集中营里,圭多试图让约书亚以为这只是一场游戏,获胜者可以得到一辆真的坦克。

这是一部与众不同的二战题材电影,在灰暗的场景下,围绕着一个犹太家庭述说着战争的残酷。圭多为了不让年幼的孩子蒙上战争的心理阴影,从始至终都一个人承受着战争的痛苦和威胁,对儿子说他看到的一切只是一场大型的游戏,孩子快乐地相信了。最后,纳粹失败了,"游戏"结束了,美军的坦克真的挺进了集中营,约书亚简直呆住了,他赢了。父亲没有骗他。可圭多为了掩护儿子,牺牲在纳粹的枪口之下。

这是一位多么伟大的父亲。在血腥和恐怖的笼罩下,他依然能够给自己的儿子创造快乐,而不是压力。

如果小约书亚从一开始就知道这是残酷的战争,我想他不一定能坚持到最后,就因为圭多把这么血腥的战争和屠戮都演绎成了游戏。小约书亚才没有恐惧,在期待和惊奇中迎来了胜利。

做家长的,若把学习的事情搞得很恐怖,孩子自然就畏惧,如果我们用轻松快乐的语气告诉他们:孩子,这只是一场智力和常识的游戏,谁是最后的赢家,谁就会实现绮丽的梦。

当然好,否则光谈坚毅,常人很难坚持,何况是孩子。人人都知道坚毅是一种难得的品质,但做不到等于没用。就让我们和孩子一起去发现坚毅的快乐和快乐的坚毅吧。让我们在对于快乐的探寻和追求中,产生出发乎自然的坚毅。

14.高贵

不做被物质打扮的稻草人

我们这个时代讲时尚、讲品牌、讲奢华、讲排场,却很少有人讲到高贵。

高贵是一种由灵魂向外散发出来的迷人气息,和身上穿法国还是意大利的名牌无关,和脖子上、手指、手腕上有多少“克拉”,多少“贵金属”无关。

如果我们太注重物质,难免忽略心灵的修为;如果我们过多地关注镜中的自己,那么我们的心灵有可能长满野草。在这方面,父母是孩子的榜样。如果我们平日的言行,都在社会的风气中日益虚荣和随波逐流,我们的孩子耳濡目染就会跟着学会物质享受和讲究。因此,做家长的,要谨慎自己的言行,即便我们自己已经“成型”,再也无法“脱俗”,我们也必须尽量避免在孩子面前高谈阔论对于奢华的追求。

当然,我们也不是刻意和丰富的物质生活过意不去。没有物质的充足,精神的高贵也无从谈起,如果连温饱都成问题,精神的高贵又怎能显现和坚持呢。

所以,我们并不需要把孩子都教育成像阿基米德和第欧根尼式的精神贵族,我们时刻不要忘记我们在一个物质的社会里,连我们自己的存在形式都是依托于物质,但我们更应当让孩子明白,他应该是一个具有高贵灵魂和思想的人,物质是我们灵魂的房子,而作为房子的主人,我们有必要去建造和[illegible]们的房子，而不是被我们的房子所左右。

只有协调好物质和灵魂[illegible]系，我们才可以真正做到高贵。也只有我们深谙高贵的意义，我们才能教[illegible]高贵的孩子，也只有具有高贵品质的人，才可以成为真正的精英。

有的人总想通过品牌来体现自己的身份，[illegible]为只有高级定制的服装才能显示出高贵的气派，以为只有开着奔驰宝马才[illegible]算上富贵。把一切的希望寄托于物质，对物质的追求强过了一切，这不是高贵，这种对物质的曲意逢迎，弄不好会把自己沦为物质的奴隶。

一个人是否能够从容面对物质世界，还是被物质社会所左右，是判断是否高贵的试金石。

法国历史上被指责为“红颜祸水”的玛丽·安托瓦内特，终日陷在奢靡的生活里，她有无数的珠宝、服装、鞋子，她的身边全是谄媚的贵族，她以为这就是高贵的皇后应该有的生活，她不知道民间的疾苦，更不喜欢读书学习，连简单的文字都写不好，她出身于奥地利皇家，是奥地利女皇玛丽亚·特蕾西亚和弗朗茨一世最小的女儿。可以说她是个名副其实的公主，自古以来，公主似乎是高贵的代名词，可这个仅是外表美丽，而自己又非常注重外表的女人除了表面上富丽堂皇以外，离“高贵”的本质实在太远了。

她的一生弄出许多的降低自己身价的事件，最后她的浮躁、她的浅薄、她的无知，她对物质无止境的追求，把她自己送上了断头台。

可以说心灵空虚的人，很容易被物质左右，而没有自己真知灼见的人，无论物质生活多么富有，精神层面的快乐是享受不到的。

如果我们培养出了一位类似玛丽·安托瓦内特的子女，那对于整个家庭来说都是不幸。在我们中国的历史上，因为奢靡而丧国的皇帝也为数不少，隋炀帝就是一个很典型的例子。我们就是再富有，也不可能敌国，所以说我们的财力，不是培养出具备高贵气质子女的保障，而应该把教育子女的注意力集中在学识、见识、……修养等方面。

高贵不是娇弱和盲……

在我们中国有这样的普遍现象，即使家里经济条件不好的孩子，也被父母养得十分娇弱，仿佛这样才能脱离一般的生活状态，跻于贵族的行列。这种爱的方式不是圣爱，而是溺爱。

安徒生童话《豌豆公主》讲了这样一个故事：

从前有一位王子，他想找一位公主结婚，但她必须是一位真正的公主。而评判公主的标准呢？就是她的皮肤够不够娇嫩，终于在一个雨夜，这个真正的公主出现了。她睡在二十张床垫子和二十张鸭绒被子上面，居然还能被床板上的一粒豌豆硌得浑身青紫。后来这位公主和王子结婚了，而那粒豌豆被搁在了博物馆里。

我们养育子女，尤其是女孩儿，可以用最昂贵的化妆品保持孩子皮肤的娇嫩。但是我们孩子的心灵是容不得娇嫩的，男孩女孩都是如此，因为娇嫩的人不堪一击。

高贵不是对生活的挑剔更不是弱不禁风的娇弱身躯。

任何一个生命在这个世界上都要历经风雨，只有心灵坚强和高贵的人才能经得住种种的考验，戴上真正的高贵的皇冠。

讲到修养，很容易联想到行为规范，而且用眼睛能看到的行为规范很容易成为衡量孩子是否有修养的标尺。值得注意的是，内在的修为不等同流于表面的右手拿刀、左手拿叉，不是吃东西的口味、穿衣服的品位，不是几个自以为高贵的人在一起聚餐。

某君说："你们知道是先梳头还是先穿外衣吗？"某女士抢答："当然是先梳头，然后穿外衣，否则头发落在衣服上，很失体面。"某君赞许地点了点头，又说："你看我的衬衫，从来都不会打褶子，把衣服烫平整，是对别人的礼貌。”其他人频频点头，一道道菜上来了，由于大家都很注重仪表，都想作出淑女和绅士的派头，一个个吃起东西来都小心翼翼的，生怕被人笑话不够高贵。其间，不知道谁说了一句：“吃饭把胳膊肘拄在桌子上是很没礼貌的。”于是饭桌上所有的人都注意不让自己的胳膊碰到桌沿。

可见，我们对高贵是多么的渴求，可是这种高贵岂不要命，我们似乎总愿意陷在一种窠巢里面，规矩是人定的，这些人当中有聪明人、也有蠢人，这些规矩有有用的，也有无聊的，可是只要有人提出来，便会有人盲从。

一个盲从的人，注定很难成为真正高贵的人，因为他没有自己的思想、个性及灵魂。

世界上有一模一样的衣服不足为奇，出现一模一样的灵魂就奇怪了，可是盲从和随大流的现象在我们的社会里已经见怪不怪了。一窝蜂地追随某种文化和符号，钢琴高雅了就都去买钢琴练钢琴；英语吃香了就都去上英语补习班，于丹讲《论语》了，又都对国学产生兴趣了。人家的孩子学什么，家长就要求子女必须学什么，仿佛不如此，孩子就一定输在起跑线上。

倘若潮流崇尚孩子早锻炼了，我们是否也会忧心忡忡，害怕孩子输在“起床线”上呢？

为了学英语，甚至出现了李阳英语现场讲座，几百名学生齐刷刷给李阳下跪感恩的场面，灵魂的存在和自尊比任何东西都重要，如果我们丧失了自己，何谈高贵？

保持灵魂的完整性

在这里，不是讲英语不重要、钢琴不要学，如果有条件、有时间，孩子又感兴趣，多学一些东西是好的，不仅可以陶冶情操，而且语言和音乐是人生至关重要的工作技能和精神寄托。

可是如果我们的目的性太强，顾此失彼，把孩子的灵魂掰个七零八落，那就得不偿失了。

灵魂是一个整体，一个我们看不见的，却有着强大力量的整体，这个灵魂如若高尚，那我们就高贵；这个灵魂如若卑微，那我们就庸俗地活着；如若这个灵魂散了，那我们只不过是行尸走肉。由此可见，我们要让自己的孩子具备高贵的品性，那么必须保持灵魂的完整性。

灵魂的力量和召唤、是具备神性的。

我们每个人最初来到人世间的时候，只是自己，那时候的自己是最圣洁、最完整的。可是当我们有了意识以后，很难保证做一个完整的自己，所以我们看似独立的物质个体里，会出现无数个小我，当这个小我不统一时，也就是我们的灵魂已经破碎的时候，那种破碎的撕痛和迷茫，会使我们沉沦，也会使我们走向自我拯救的路程。

别以为灵魂的破碎与童年无关，恰恰是在我们的童年时，才最容易出现这种现象。

我们回顾一下自己的成长过程，慢慢地把自己变成小孩子，回到过去的状态，我们再用一个大人的思维去思考问题，就会感觉到小孩子内心世界里的黑暗和迷茫，要比成人世界的更惨烈。

人格的裂变，人格的高贵与低贱，几乎在童年的时候就已经形成了。

所以，当我们成为大人后，当我们在自我救赎的道路上奔波时，我们更应该拿心灵来爱我们的孩子，也就是西方国家里所讲的圣爱，只有在圣爱的沐浴下，才能成长出真正高贵的人。

圣爱是一个灵魂去爱另一个灵魂，去认真聆听另一个灵魂的声音，除此之外，别无他法。

流于形式的爱，都是有条件的爱；流于形式的高贵，也都只是一种肤浅。

15.天性

每一个人的心灵都有他的形式

当我们来审视我们和孩子的性格，会发现家长与孩子之间的心性与遗传和环境影响有着错综复杂的关系。这种错综复杂的“继承性”使得天性与环境天性和遗传的关系变得微妙,特别是面临“儿童教育”的全面挑战。

现行的教育模式容易把孩子们教育成符合大众规范,同一化的“产品”,忽视了教育对象的自我特质。

如果我们手里握着一棵杨树的种子,满怀希望地把它种在泥土里,天天浇水、施肥,给它阳光和雨露,替它锄草、杀虫、希望有一天地里冒出嫩芽,然后长出一棵高大挺拔的杨树,这种愿望是可以实现的。

然而,如果我们希望杨树种长成榕树,那是万万办不到的,无论我们费多少精力,也不能实现这个不切实际的想法。

这个道理其实很浅显,可是在教育方面,我们可能都做过想把杨树变成榕树的事情。对于父母而言,细心观察孩子的天性、倾听他们内心的声音、因势利导加以栽培才是最为关键的，而不是根据做家长的喜好,草率决定孩子的发展方向。

对于孩子的教育,如果顺承他的天性,他就更加容易在他擅长和喜爱的某个领域成为出类拔萃的人物;反之,压抑和改变了他的天性,很容易因此而扭曲了他的一生。

每一个人的心灵都有他的形式，我们要按孩子的特质引导

天性与传统的撕裂

我们不要以为小孩子没有痛苦，而往往他的痛苦并不亚就像一棵树在它的幼年同样要经历风雨一样。当孩子承受痛他们无法像大人一样倾诉，孩子在内在的天性和外界的传统个过程是寂寞和漫长的，如果我们家长不及时发现，可能会成长的过程。

迟书雁：爷爷在世的时候，是我人生里最幸福的时光蔼宽厚的老人，他从来不会对我讲“不准”这两个字，任何天爷爷那里都会变成合理的，即使我要玩泥巴、要爬树，要做女孩不应该做的事情，爷爷都会笑着答应我。那时候，我命，虽然偶尔因为爷爷不在场，也会被父亲一顿暴打，但大都是在爷爷的呵护下自由成长的。

十二岁前，由于有爷爷的“娇纵”，我基本上没有感受的抗衡所带来的痛苦，一切成长的悲剧都始于爷爷过世女童变成少女的那个阶段。

“你长大了，以后不准再穿着短裤出去！”

“以后不准和男生玩了。”

“以后不准没礼貌。”

“以后不准抬腿就跑。”

……

我最亲爱的爷爷去世了，接踵而来的是大人给我定么一个爱笑、爱闹的小女孩，一下子变沉默了。然后是欣喜。

邻居婶婶说:“雁子长大了,变乖了,不骂人了。”

爸爸、妈妈说:“雁子终于像个女孩子了。”

同学们说:“书雁终于不随便‘欺负’人了。”

……

这所有的赞扬,都让我的内心痛苦无比,而那种巨大的痛苦却没有人发现和理解,在父母的眼里,他们看到的更多的是表面现象。如果一个小孩生病,大人会很紧张,如果他的心里病了,却没有人在乎。那时候的我多希望爸爸会像在我感冒的时候那样,对我嘘寒问暖,倍加关心,可惜孩子心灵的痛苦在大人忙碌而紧张的生活中已经变得不重要了,只要那个表面的孩子还完好无损地存在,哪怕他换了一个人的内心,大人可能都不会发现。这是亿万做父母的都需要加以重视的地方,孩子的内心世界,我们是否真的看清楚了,是否真的冷静而耐心地倾听过了?

天性的我好动,可是规矩要我静下来;

天性的我活泼热情,可是规矩要我淑女内敛;

天性的我心灵的感受特别强烈,可是规矩要我多瞧瞧镜中那个物质的自己;

天性的我适合艺术创作,可是规矩只要把我变成一个居家的女人;

……

这些传统的教育让我痛苦得难以承受,可惜少女时代的我,对于天性与传统所造成的矛盾产生的痛苦,不可能像今天如此冷静地剖析,只能把它狂躁地变成青春期的叛逆,那个天性的我离我越来越远,那个后天家长想塑造的我,我又做不好,有很多年,我都在这种痛苦里徘徊与挣扎。

天性与传统撕裂的痛苦,一直持续到我三十岁,也就是说我在内心世界的黑暗里挣扎了近二十年,才找回那个最初的自己,才把自己的灵魂重新拼完整。

现在还有很多家长在亲手导演着这样的悲剧，自己却浑然不觉。

Z是一个很有绘画艺术天分的孩子，可是他的爸爸、妈妈都是科研人员，所以Z必须要照着他家长的话去做，子承父业。小小的Z，常常发脾气，性格古怪得很，他的父母只是感觉到他性格上的变异，却不知道这种异常的起因：因为他正在承受着内心世界的撕裂与挣扎。如果他的妈妈能顺应他的天性，无论他怎样的发展，有什么成绩，但起码他一定不会是这样乖戾的小孩，起码他的内心没有这么多无言的苦痛。可悲的是，Z的妈妈并没有意识到这一切是她经验上的疏忽和判断上的失误，还在继续着她强硬的指挥，真不敢想象这样继续下去，Z会变成什么样子。

一个有绘画天赋的孩子，大人偏偏要强迫他去学习在他看来枯燥无味的数字，这在常规的生活中司空见惯了。在传统的观念中孩子就是应该打好全面的基础，适应社会的需要。这样才能在这个竞争的世界不被淘汰。可是，这儿童和青少年成长时期的内心痛苦，却被我们忽略了。俗话说，强扭的瓜不甜，很有可能，长大后的Z既没成为一个科研人员，也没成为一个画家，只变成了一个普通的、性格还很暴躁的男人。还有一种可能，Z的天性很顽强，经过了数年的挣扎，他终于战胜了家人和学校对他偏颇的教育，实现了自己的梦想，成为一代绘画大师。可是如果Z的爸妈能顺承他的天性，他完全不必去走那么多的弯路，尤其是在他天真活泼的少年时代，承受那么多的痛苦。

每一个关心孩子成长的父母，像注意孩子的头疼脑热一样，关注他们的内心和天性吧。

杀死天才的刽子手

只要我们稍加留意，就不难发现，家长以强迫的方式想当然地“指导”孩子的成长经历是极具普遍性的。这就和过去的女人裹小脚一样的道理，那本身就是对健康身体的摧残，是男权社会变态的审美观，而这种变态的行为，套上了传统与文化的外衣，却成了一种社会的常态，如若哪个女人是天足，只会被耻笑，而弄断骨头、折弯筋的小脚，却成了合乎常理的“闺范”。

我们教育孩子本来应该是最大化地发挥他的天性，可千百年来我们都迫于现实环境的压力，由家长替孩子“做主”了。而没有真正探寻孩子内心世界和性格禀赋的“做主”，往往容易压制了孩子的天性。所以，这就跟女人的小脚一样，成了正常的。时代在进步，女人的小脚早就不能称之为美了，可是压制天性的某些粗暴的教育习俗，依然堂而皇之地存在着。

我们被传统教育压制变形后，却认为变异后的自己才是真正的人，然后我们再接着按旧的模式教育下一代，这种情况有一个特征，就是发生在每一个具体的单个家庭里，不容易做出量化的统计，因此其危害不容易被发现和警惕。但是，就像培养一颗树苗是“润物细无声”的，抚育一个孩子成长，不能依旧采取那种“你的任务就是好好学习，其他的事情不用你操心”或者“父母供你吃好喝好，你再学不好，你对得起谁啊”的方式了。我们必须学会让自己平静下来，用理性和感性同时倾听孩子的内心、观察他们的天性。

背离天性的教育和扭曲，常常是把天才扼杀在摇篮里的刽子手。

“小魔鬼”艾蒙

无论我们的教育多么机械化，多么雷同，也不能完全泯灭人的天性,可见天性的顽强。

迟书雁:我的学生艾蒙天性狂野。不屑于任何的规矩、不惧怕任何的反抗,生来仿佛就要与世界作对似的。虽然没有身披铠甲、手持兵器,却俨然一位向世俗挑战的斗士。在家长和老师的眼里,他顽皮到底,可仔细看他,会发现他的眼睛里充满了超乎寻常的智慧。

这个艾蒙,在绝大多数人眼里是个“小魔鬼”,而我却发乎于真心地喜欢他。

我第一次和艾蒙见面,他就闹了个天翻地覆。

“我不进教室,进去就惨啦! ”他妈妈刚把他领进教室,他就大声嚷嚷着转头跑掉了。我赶紧放下手里的教案,出去追。小家伙跑着,还不停地回头瞅我,说着英文。

你英语发音这么好,教我可以吗? ”我说。

“Cat! ”他指着一只蹿到马路上的猫说。“凯特! ”“不对,是 Cat! ”他已经和我说话了。“Tree、flower、street…”他每看到一个景物都用英文说,我也跟着重复,并不说要他回教室上课的事情。他一直跑,我一直当他的“跟屁虫”。

后来,他冲向马路边一所已经关闭的小学校,然后两手把着铁栅栏,看着空荡荡的操场，气喘吁吁地说:“我的老师，还有我的同学都在哪里呢?”我当时就觉得,这个孩子除了顽劣,还是一个极富感情、怀旧的孩子。“你想他们吗?”“想。”他说。我试着走上前,看他没有拒绝我,我拿出纸巾,帮他抹去了额头的汗珠。“累吗? ”“不! 我有消累液。”说着,他仰起脖子像往嘴里倒什么东西,可是似乎他捏着瓶子的手里什么都没有呀,难道是我老眼昏花？“你喝的是什么？”我纳闷地问。“消累液！你也来一点吧。”他把那个瓶子递给我，我仍然看不到什么，迷迷糊糊地伸出手，也摸不到什么，只好装作痛快大饮的样子，又把所谓的瓶子还给他。

“送你了！”他大方地说。

就因为我“喝”了他的消累液，他感觉到和我的距离一下子近了，很痛快地跟我回去了。

路上，我们商定，以后他纠正我的英语发音，我教他作文。

家长朋友们，当我们的孩子反抗我们的时候，甚至是提出无理要求的时候，请千万不要试图用教师或父母的角色优势去粗暴地压制，这只会得到两种结果：一，引起他更强烈的逆反心理；二，表面上服从了，心里却根本不服气。

其实，当艾蒙疯狂地奔跑时，我完全可以硬把他拖回来，从体力上讲，一个小孩肯定不能与大人抗衡。如果拼硬的，我就是绑也能把他绑回来。可是孩子不是小猫、小狗，他有自己的想法，从大人的角度看，他似乎无理，上课居然能跑出去；可是从孩子的角度考虑，他会想我不想上课，这不是我喜欢做的事情，你们为什么逼着我做？在他的眼里，大人已经很霸道无理了，那么他只好以同样的方式来反抗。孩子是一面镜子，他很多方面的表现都是模仿成人的，我们无形中教会了他们“蛮横”，又来批评和压制他的“蛮横”。

这个年龄，人生观还没有形成。大人们做的事情让他迷糊，他只好迷迷糊糊地来反抗大人。在育儿上，“一个巴掌拍不响”，孩子有什么毛病，我们不妨深刻地来检讨一下自己。

令人“头疼”的艾蒙，并没有就此变成一个大人眼中的乖孩子，也没有终止对我的捉弄。

“老师是只猪！”艾蒙在黑板上写。“说哪位老师是猪？我吗？”我问，其实当时真的有点生气。艾蒙瞪着顽皮的大眼睛瞅了我一眼，嬉皮笑脸地在老师的前面加了个“迟”字。我压着火气着看他闹腾，不训斥他，也不理他。他笑够了，盯着我看了一会，眨了眨眼睛，又在黑板上写道：“老师是一扇门！”写完又扭头看我，我当时倚着门，从艾蒙的眼神中，已经观察到他的心理变化，他很好奇老师为什么没有反应？

接下来，他很自觉地掏出了课本，摆在桌子上，非常疑惑的表情可爱极了。我心里的火气也一下子全消了。我走过去，在他身边蹲下，握住他的一只小胖手，问：“为什么说老师是猪？因为我长得像猪吗？”这回轮到他沉默了。片刻，我说：“你如果说老师是只猫，老师会很开心，因为老师喜欢猫。”此时，他的嘴角露出了淡淡的笑意。我摸了摸他的脑袋，“你说老师是扇门，真有创意啊。”“哈哈哈！”他乐得把脱下的外衣，直接扔到了地上……

这个孩子就是这样，非常外露和直接。我想起了一位校长朋友叮嘱我的一句话：“小孩子你得严管，你对他微笑，他就对你大笑；你对他大笑，他就对你狂笑；你对他狂笑，他就没边了……”艾蒙是没边了，可这种“没边”是错吗？大部分人都会认为是错的，可其实他没错，甚至他这种“没边”应当让大人刮目相看，因为这是天性完好的表现。

教育不是要把孩子变成另外的他，而是把自己发挥到淋漓尽致。

一年以后，艾蒙对我说：“老师，我总能梦见第一次来你这里上课，我跑了出去，你追我，我追你的……”他一脸的幸福，我想，如果当时我采取暴力手段把他制服，那么今天的他，只能把那件事情当成一件噩梦而不是如此美好的记忆。

无法逆转的天性

大多数时候，其实老师和家长都会有一个误区，都偏好听话的孩子，因为听话的孩子好管、省事。一个“管”字，其实就折射出传统教育观念的固执,扼制了孩子个性的发展。

个性其实是作为人的最大魅力。一张错印了号码的纸币或者邮票都价值不菲,更何况一个有独特性格的孩子呢。

迟书雁:在我的眼里,艾蒙扔衣服的动作“帅”呆了,简直可以和舞台上的明星媲美,他的魅力来源就是因为他的率真和狂野。

我们常常以成人的评判标准来看孩子的对错,他说我是猪,我并没认为他在骂我,只不过是小孩的一种游戏罢了。

如果因为一个游戏去责骂孩子,并把这种行为上升到人格的错误,那孩子的感受是莫名其妙地受到了莫大的误解。

我们不要惧怕孩子的野性,惧怕他不合乎社会规范。其实今天的社会规范,并不一定是未来的社会规范。在这个各种思潮、观念瞬息万变的时代,别说十年,就是三年也会发生翻天覆地的变化。所以,现在看似合理的事情,未必就成为未来的要求和规范,努力发现孩子的天性禀赋,因“材”施教,才是更加符合人性的教育观。

艾蒙的天性就是很狂野。想把他教育成温雅的性格是不可能的。就像园艺师的剪刀再厉害,也不可能把一棵松树修剪成柳树。充其量,他只能把松树变成不像松树,却永远变不成其他的树。

我们习惯性地把育人和种树联系在一起,“十年树木,百年树人。”这句话的意思很好,可是我们培育个人一个人是需要智慧和一双善于发现的眼睛的,而不是一成不变的习惯和方法。有的人认为,小孩子就是像棵小树,你要让他茁壮成长,必须把他多余的枝杈砍去……

这样的思路看似有道理,其实也未必完全有道理,更不要说符合“人性”和“树性”了。如果我们真的具有仁爱之心,我们会发现,被园艺师刀砍锯伐之后的树,会流出很多的汁,假如我们的内心,看待植物和动物具有同样的心性,那么我们会看见遭到修剪的树木的“鲜血淋漓”,会看见那些残缺的肢体的痛苦与眼泪。同样的道理,我们期望孩子成长的愿望是美化真挚的，但我们所采用的方法，是否在“修剪”之后，能洞察到孩子的创伤呢？

为什么不能让小树按自己天然的样子去成长呢？

天然的就不美吗？

路边那些被修剪得整齐有序的树，有了整体感，但那恰恰是靠砍伐掉植物最具美感的生命力而成就的。若天下每棵树都成了一种样子，我们对树还能有千姿百态的独特感受么？

如果那些树会说话，一定会大声地说：“不！不要砍去我的胳膊、我的腿，我会痛，我会变成残废！”

如果那些树有腿，一定早就逃得远远地了。

如果树也有一个王国，也有法制，一定会来声讨人类的暴行。

为了符合你们的规矩，为什么要我们牺牲我们原本的样子？还我们原本的样子！

诚然，树和孩子不能同日而语。

但是，砍去孩子的某些个性和习惯，砍去的部分，真的是不好的吗？真的是影响孩子发展的吗？

到底是不是呢？

做家长的有没有想过？

比如狂野，未必就那么可怕，这种性格的人爆发力强，而且有执著热情的劲头儿。

为什么不能让每一个“艾蒙”都成长为他应该长成的天然的样子呢？

家长朋友，我们的孩子又是什么样的天性呢？

就让孩子肆意地“疯长”吧，适度的无为而治，更加符合孩子的天性，也更加接近人性。

如果他很温婉，那么，就让他成长为一个彬彬有礼的绅士吧；如果他敏锐而深刻，这个社会多个评论家、批评家又有什么不妥？如果他天生有着无穷的幽默细胞，那么就让他去逗全世界的人发笑吧……

天性是无法逆转的，每一种天性都是一把双刃剑，如果我们的教育能够让有刃的剑愈加锋利，却不自伤，那么，我们的教育就算成功了，我们也没有辜负每一个相信我们、扯着我们手长大的小生命。

16.理智

适当的理智

如果我们遇到一个非常任性的，甚至是极具破坏性的孩子，我们一定要温柔地对待他，付出百分之百的爱心和耐心，因为我们的教育对象是一个尚在成长过程中的儿童，就算我们成年人，性格里也具有不稳定性的成分，何况一个不谙世事的小孩子呢。他敢于直接表达自己的情绪，毫不遮掩，其实是一个最纯粹和接近天然的人，他本身没什么错，只不过，我们生活在这样一个有道德行为规范和法规的社会里，我们追求个性，也要遵从某些共性。

理性，从某种意义上说，也可以理解成是人类的"退化"。在人类文明的历程中，我们逐渐地变得规范和秩序，变得绅士和淑女，可我们也丢掉了许多充满生气、充满生命活力的东西。经过打磨的性格，往往缺少天然去雕饰的璞玉的那种质感和美感，就像常年被关在笼子里的老虎，渐渐失去了野性，失去了自我捕食的生存能力，显露的都是人工饲养的痕迹，天然的魅力大打折扣。

我们听一些原生态的歌曲，看原生态的舞蹈，会有着一种超凡的震撼力。那是我们人类最原始真实的美，可惜在文明进步的社会里，我们为了适应大环境，就必须去牺牲自己的某些天性，这个教育的过程就叫作人化的过程。那野狼的嘶吼、那真正的来自天籁的声音，那粗粝未经打磨的石头都是我们怀念的，都是我们曾经具有的、又被教育掉的品质。我们的后代,越来越退居于钢筋混凝土的碉堡中,连蝉鸣鸟叫都愈发难以听见,我们孩子天性中最自然、最具有活力的部分,正在被科学的文明和商业的贪婪双重覆盖。

因此,孩子需要的是适当的理智,是在尽可能保护天性的基础上的理智,孩子的一些在大人看来反常态的表现,常常是因为压制了他的天性引起的反抗，如果我们在符合社会基本规范的原则下去尽可能保护孩子的天性,他不用刻意教导,就会很理性,因为他不需要反抗,他的心很平和,就像一条自然流淌的小溪,这个时候,生命一定是理智的,除非我们人为地破坏了什么。

冷漠是可怕的"文明病"

如果我们的孩子天性温和,我们或许觉得不必关注这部分,实际上不是这样的。温和的孩子与理性的关系,比野性的孩子与理性的关系更难掌握。

一个孩子如果从小就不喜欢运动，不热衷于嬉戏，像个大人般安静,是情商早熟的表现。现在的孩子,在母体里孕育的时候营养就很充足,很容易导致多方面的早熟。就像在当代中国,由于对利益的过度追求,使得很多食品饮品在饲养、耕种和制造过程中,被添加了很多有害成分,如果我们的孩子像个大人,并不见得是幸事。

当孩子还是一个孩子——

他要能在游戏中得到快乐,能开怀地笑,能直抒胸臆,能热爱春风、夏雨、秋叶、冬雪,能相信所有的鸟类都有语言。他的眼睛能看到螳螂的宅院、蚂蚁的勤劳,他的耳朵能听到聒噪的城市声音以外的纯自然的声音,并为这些所感动。

小孩子需要懂得感动,如果他不具备这种感动的情怀,并不一定说

明他超常的理智，而更可能是一种冷漠。

冷漠是非常可怕的文明病，如果我们理智到厌恶我们的生活，那无疑是教育的失败；如果我们的孩子，从三、五岁开始就目的性很强、很功利，那我们的未来有可能变得很缺少“人情味”。人类社会缺少人情味儿，这个世界只能冷漠得越来越不可爱。

去热爱生命，去热爱生活，热爱每一天，热爱身边的每一个人，在每一件事中学习和感动，这样反而会很容易成为一个品格健全的人。缺乏爱的天性就像缺乏动力的火车，即便轨道是朝向文明的，我们却也无法抵达。

天性独具魅力，理智是我们在社会上生存的保障。功利和冷漠都是理智过头的表现，这在小孩子身上是要不得的。

2007 年风靡网络的“兔斯基”，只是一个 22 岁的小女孩，随意在自己的博客上的涂鸦之作一样，她在创作兔斯基的时候，没有任何的功利色彩，没有想到换取利益和金钱。所以，那简笔单色的兔斯基，才具备了灵性，那其实是小女孩纯净的灵魂，不是吗？我们眼前晃来晃去的小兔子，其实就是那个可爱的女孩的灵性所扮演的，正是这种纯洁和宁静，丰富和优美了我们的世界，也让她取得了意想不到的成功。

理智不是简单的服从

我们大人往往扮演着一个幼小生命参与者的角色。

参与本身是有意义的事情，因为父母和家长毕竟比孩子要多经历世事，看问题和分析问题、辨别问题的能力要比孩子强。但是，若孩子的任何“对与错”都由我们评判，他们的作业必须要我们检查才过关，他们去哪里玩、学什么都要得到我们的应允，仿佛只有这样方能体现我们的参与和教育用心，那就有些得不偿失了。我们明白“万般皆下品，唯有读书高”的道理，所以我们全部的注意力都集中在孩子的功课上了；我们知道“书中自有黄金屋，书中自有颜如玉”，所以我们的喜怒哀乐全部围绕着分数转了。现在的家长，在孩子沉重的书包和家庭作业面前，既心疼孩子，又无奈地督促孩子，但这并不是解决问题的办法。

我们用手中的权力来干涉孩子的生活，我们迫于社会的压力来逼迫孩子，这不能不说是整个社会的教育挫折。孩子的是非观都是跟我们学会的，我们是孩子生命的导师，可是我们不能简单参与和无奈干涉另一个生命的生长。每一个生命都是独立的个体，即使他幼小，即使他来自于我们，他的衣食也需要我们供给。可是我们不能为此强行命令他们绝对地服从。

其实我们完全也可以采用其他的办法，可以全身而退，那种管制和妥协的关系中长大的孩子，可能会多了一些表面上的理智，我们的教育，我们所讲的理智，不是简单的服从，而是具有一种判断力和自我约束力。

我们人类很有意思，我们发明了时间、发明了钟表、发明了闹钟，创举了太多有理无理的东西。我们大人朝九晚五地上班，我们的孩子早早地起床上学，在学校里集体学习，由老师传授孩子们各种学科的知识。

我们的学校每一门功课、作息时间都是经过各种专家学者研究过的，经过科学的论证和讨论，然后我们程序化、机械化地来教育我们的孩子。

在地球上的生物中，除了人类，我们没有见过其他的生物要集体地、遵循一定的时间和模式来学习；也只有人类才有老师和学校；也只有人类才有数不清的说教和道理。而其他的生物，都是跟大自然，跟爸爸、妈妈和同伴学习的。

诸此种种，我们人类在不断地约束自己，只有具备约束力，才可能是社会和大众承认的正常的人，我们不得不遵守这样的规则。

一个小学生，在课堂上做小动作或者和同学说话肯定要被老师呵斥，同学们也要用异样的眼光来看他。即使他也听课了，也记住了老师所讲的内容。但他的行为是不被认可的，理由是作为一个学生就必须规规矩矩地听课。

约束力一向被视为衡量一个人是否具备理性的标准，尤其是对待孩子方面。孩子在学校里已经受到了过多的管制和模式化的教育。我们作为家长，就应该让孩子在家里得到相对宽松的教育环境，如果孩子在家里也一样感到压抑，丝毫感觉不到快乐，那么这个孩子的学习成绩未必就理想。一个感觉不到学习乐趣的学生，是很难产生学习的自觉性的。

现在有心理问题的人越来越多，我们应该意识到，面对愈来愈复杂的社会环境，面对愈来愈激烈的竞争，心智健全是很重要的。而这就需要天性和理智有效地协调。

学习成绩不好的孩子，不是学习方法出了问题，这个时候我们作为家长的越是关注他的成绩，越是急得如热锅上的蚂蚁想把他教好，他似乎就越不争气。如果一个孩子感到不快乐，生活上的要求得不到满足，那么他怎么会学习好呢？

现在有许多的孩子都是在这种状态下生活，即使是寒暑假，他们的时间也基本上被安排得满满的，孩子表面上是服从于大人安排的，那种服从是一种无奈，就像家长逼着孩子做功课做到深夜一样的无奈，绝对不是一种理智。

自我约束力不等同于理智，它们虽然有相似的地方，教会一个孩子受束缚，可这并不是培养理智的好办法。我们做家长的所要教会孩子的理智，应当是在智慧指导下，所做出的理智姿态。而不是习惯于被动地待在一个笼子里，像小兔子、小白鼠一样地乖和听话。

我们在和自己孩子交流的时候，也尽量不要用："你听话。""做个乖孩子。""你是个好孩子。"等句子,这些话潜意识地都是要孩子去服从,服从于一种比自己强大的力量。当他习惯了服从,他那种顺从,不会与任何人发生争执的,所谓理性的表现,恰恰是扼杀了他真正的理智,把孩子"培养"成了一个只能机械反应的木偶。

勇于探索的理智

我们的理智应该是有自我主张的,不是言听计从、不敢对他人的意见提出异议的。

理智的人,首先要有强烈的自我意识和自主意识。这种意识不是助长"唯我独尊"的固执态度,而是用以增加自我存在的价值感和使命感。一个人,只有首先认知自我,才能认知周围的世界。

所以做父母的,不必事必躬亲,凡事都要自己替孩子拿主意,而是要培养孩子能清楚地认识到自我及世界及众人的关系,特别是自我所处的角色和角色的转变,以及适合各种环境的自我。在复杂环境下,始终都能做出的既符合社会规范又具有清晰自我判断的主张,才是成熟的理智。

迟书雁:我的学生妞妞,她会用她的观点来建议妈妈。她会教育妈妈怎么做可能更好,什么事似乎不该做。她看待问题,绝对不会因为自己是做女儿的,便事事听从母亲的意见。这是令人欣慰的现象。

有一次,她的妈妈买了一件衣服,没有任何质量问题,只是自己不喜欢就去退货。整个过程她都跟着妈妈,亲眼看见妈妈的作为。当妈妈和服务员一番唇枪舌战把衣服退掉并为此得意扬扬的时候。妞妞却在妈妈的身后说了一句:"退货应该遵守商家的规定才合理。"这才是真正的理智,能抛开感情因素,去分析问题,做出自己的判断。

我们小的时候和我们的孩子一样,会认为天底下爸爸、妈妈最漂亮，这诚然是一种爱，那种父母与孩子之间纯真的爱，血缘的爱，“儿不嫌母丑”的爱，这种爱是可贵的，但也能从这种爱看出我们的孩子在童年的时候，是缺少独立理性的。这种爱容易依附和盲从于一种比他强大的力量。

我们既要为这种爱心存感激，珍惜这种感情，也要让我们的家庭教育更多一些理性，在孩子小的时候就教他客观地看待问题，告诉孩子，父母也是普普通通的人，也有自己的优缺点，也有自己能力和智力的极限。那么我们的孩子也许会更加爱我们，给予我们更多的理解和体谅。理智是与错综复杂的客观因素相伴随的，如果我们的孩子能有清晰的自我认识，又常常能跳出自我，站在旁观者的角度分析问题，那么这个孩子是真正掌握了理智的真谛。

给孩子裁判的权力

我们在生活中常常给孩子下定义，像一个裁判给自己的参赛者评分，甚至有的时候残忍地出示“红牌”罚他下场，只因为他不符合我们所制定的规范。

然而，我们如果想培养出真正思想敏锐、才智出众的人。我们也要学着给予孩子裁判的权力，让他时不时地给我们做家长的，给做大人的打打分，这样孩子自然就会产生一种责任感，一种使命感，学会用他的思维、理智去判断一些事物。

我们人类任何一项能力，都是在不断地使用和确认下才能被强化、发挥作用的。

在孩子的成长舞台上，家长经常扮演着导演的角色，我们能不能坐到台下来，做一个观众呢？去平静而理性地看着自己的孩子成长，在他真正需要指导的时候，我们再来引导，而不是指手画脚地先胡乱导演一通。当我们把孩子的戏导演砸了的时候,我们又摆出家长的强权面孔,来抱怨孩子。这对孩子来讲是多么的不公平啊。其实从某种特性和意义上讲,我们大人只是孩子的玩伴,比他多一些经历和阅历的玩伴,我们应该互相给予幸福和批评,互相打分,互相促进,不是吗?

如果我们既保护了孩子的天性,又教会了孩子理智,那么我们的孩子一定是一个彬彬有礼,又有主见,学习成绩亦优秀的孩子。至于孩子是活泼热情一些,还是内敛冷静一些,还是有着酷酷的外表和性格,那都属于他个性的魅力了。

在理智的指导下,我们的孩子更容易发挥好自己的天性,成为一个敢于实践、敢于探索、敢于成功的人,成为实现自己价值和理想的人,也会是一个被社会所承认和尊重的人。

17.告别寂寞

被圈养的孩子

如果没有人的安排，猪也照样过日子，并不乏善可陈，反而是被人安排得稳稳妥妥的生活才如死水般，才有着共同的宿命。

王小波的小说《一只特立独行的猪》里所描写的那只猪由不满意人类的安排，到为了追求自由的生活彻底逃脱了被饲养和设置的命运，变成了一只长出獠牙的野猪。可以说它是猪中的智者和大无畏者。

我们的孩子也正在被我们圈养着，家和学校两点一线的生活，既单调又乏味。我们安排和设置着孩子的人生，尽量满足他物质的要求，甚至有的家庭对待孩子达到了物质供应过剩的程度，而孩子精神上的“獠牙”又是不被家长认可并遭受打压的，心理的寂寞和孤独也常常被忽略不计。

在圈养的家庭教育模式中，因为孩子接触最多的是父母，所以他在不自觉地克隆父母的一切，很多孩子的性格基本上是爸爸、妈妈的翻版。私密空间下的亲子关系的良莠直接影响到孩子的人生观、价值观、社交观等。

孩子不能孤独地生活，他需要的不仅是圈养式的爱，更需要朋友，需要社会，缺少玩伴和趣味的童年，会给孩子成年后带来多大的影响，谁也无法估计。

寂寞的小清

整整一个寒假小清都穿着睡衣，光着脚丫待在家里，几乎没下过楼。

她的睡衣有一件是淡粉色的，配她那张光洁的脸再合适不过了；另一件是浅浅的蓝格子，衣襟弄上了巧克力渍，不知是没仔细洗，还是洗不掉。她有一个很可爱的动作，就是握紧小拳头搓搓鼻尖，一双黑亮的眼睛虽然不大，却很机灵。

她家楼下是小区的健身馆，还有一处露天的篮球场。可是小清一次都没去玩过，她偶然会站在窗边往楼下望，那空荡荡的篮球场，几乎没有人光顾过。她多希望哪一天能看到一群男孩子在那里打比赛，一群女孩子在旁边做拉拉队，大喊着："加油！加油！"她似乎做过这样一个梦，可惜梦终归不是现实，虽然梦中的感受是那样真切。

在上学期，发生了一件让小清很难过，甚至很绝望的事情——和她最要好的女同学给她写了封绝交信，表示以后不再与她交往了。

她在日记里写过：第一次感到交友这么困难！第一次这样被人耍，第一次为了一个朋友付出那么多最后还是被拒绝！第一次看到一封绝交书，第一次听到那种话，我不喜欢你，我们不是一类人……

由于女同学的绝交信，她得了人际敏感症，每说一句话、做一件事都小心翼翼的，生怕引起别人的反感，生怕自己变成一个让所有人都讨厌的女孩子。

这件事给她的心灵带来了极大的创伤，她开始怀念小学的生活和小学的同学，对初中的同学感到陌生和疏远，对新的学习环境非常不适应，甚至产生了厌学的心理。

她陷入深深的寂寞不能自拔，在学校里受到同学的冷落，又不能再像小的时候什么都跟妈妈讲，这一切都让她难过和忧伤，她的痛苦和迷

惑却没有人可以倾诉。

未经磨砺的生命是薄脆的

我们用成人的眼光来看发生在小清身上的事情，或许会觉得她简直是在小题大做，但是一个十三岁的少女，她的心是敏感的，就像清晨含苞待放的花朵，哪怕是一块小石头坠地的响声，也能惊得她不敢绽放，甚至凋零。

我们要注意观察孩子细微的变化，孩子成长中的每一个小细节，尤其是隐藏的心理上的波动，一定要及时发现，并帮助孩子走出心理的困惑和阴影，切不要只注重表面的管制，导致与孩子的关系越来越疏远，把孩子置身在一个纷扰却冰冷、繁华却与他无关的世界。

有多少孩子在承受着与小清一样的压力？有多少孩子在寂寞独自徘徊？又有多少孩子因为处理不好与同学的关系，走向了偏倚的人生道路。

如果我们能向孩子敞开心扉，跳出传统的育儿模式，把他当成一个真正的、独立的人来加以尊重，把他当成朋友，比他年长很多，可以指导他人生的朋友，孩子就会少走很多弯路。我们大人的经验和智慧不该只用在管制和设置孩子，而是要用在指导孩子自己走好人生道路上。要知道，生命这既短暂又漫长的旅行，极具复杂性，那么我们在孩子刚刚开始上路时，要做的不是把他的境遇简单化，而是教会他处理复杂的关系和事情。

我们的孩子很可能会遇到类似像小清那样的困惑，这个时候的家长就需要有敏锐的观察力和循循善诱的耐力，帮助孩子理清事情的前因后果，告诉孩子要坚强起来，一次被拒绝，不等于永远被拒绝；被一个人否定，不等于被所有的人否定；绝交信也不代表真的与对方永远绝交，只要自己有一个良好的心态，一切都可以改变，也一定会赢得更多人的喜欢，当然这都要在维护自我尊严的前提下，与他人交往的尺度要把握好，迷失自己去逢迎他人的做法是不可取的。

我们闭上眼睛，慢慢地回到从前，回到自己的童年和少年，把所有尘封的记忆都打开，仔细想一想，那时候的我们，无论外表多么顽劣，内心也是敏感、脆弱的。

常常会因为自己认为说错的一句话，做错的一件事，而好多天都难以释怀。这就是孩子，未经磨砺过的生命那么光鲜和娇嫩，亦是薄脆的。

切不能把爱变成一场狂风暴雨，摧残了向阳的生命，把他推进无尽的黑暗和寂寞里。

我们要倾注全部的爱去呵护一个初度的生命，让他健康的成长，让他慢慢地经历风雨。

人是需要感情宣泄的动物

“寂寞”从广义上来讲不是今天的话题，更不是孩子的话题，亦不是教育的问题，而是整个人类心性方面的问题。

居住于钢筋水泥间的我们是寂寞的，孩子们又传承了大人的寂寞。很多情绪上、观念上的东西都是容易传染的。在一个叫家的空间里，父母的一言一行都成了孩子潜移默化中效仿的对象。

大人排遣寂寞的方法，小孩子也顺手拈来。然而大人会呵斥，“你为什么不好好学习，光知道上网？”可是反过来，孩子的心里会很不服气地想，“你为什么不好好工作，整天就知道对着电脑？”而且在中国，还有一种国粹叫作麻将，还有相当一部分成人会用通宵达旦将这种国粹从华灯初上演绎到晨光熹微。他们彻夜鏖战的时候，想不到孩子分辨是非的能力很弱，成人不健康的、不正确的对付寂寞的办法，受影响最直接的，

就是自己的孩子。

说到寂寞,当然会和时间联系到一起。其实我们的一生有限,仔细想来,我们应该是没有时间寂寞的。

从古至今,关于珍惜时间的名言亦有很多,尤其是鲁迅先生,他似乎分外爱惜时间。他讲过,时间就是生命,浪费别人的时间就等于图财害命。仿佛中国有一部分人,勤勉于工作,只与繁忙有关,或许不会寂寞。

当时间都被占满了就不会寂寞吗?

我们可以这样要求孩子吗?把所有的时间都用在学习上,然后就没有心思少年不识愁滋味,为赋新词强说愁了。

其实,人不是机器人,人是需要感情宣泄的动物,而且我们的生命虽然可贵,但有一部分必是要耗费的,就像发电厂的电在传输过程中必然有能量的损耗一样,我们也必须学会享受一些闲暇的时间,就像月有阴晴圆缺、日有东升西落一样。

孩子有孩子的世界,孩子有孩子的"江湖",孩子也有孩子的社交,孩子自然也有孩子的孤独和寂寞。或许孩子的好朋友仔细想来不过只是儿时的玩伴,但是这个玩伴对于一个儿童的成长经历却是必要的、重要的。一个人的苍凉连大人都难以忍受,更何况是孩子。

用心倾听与交往

在成人的世界,我们会发现一个奇怪的现象,即使一天接触很多人,可我们的内心也常会感到寂寞。这种寂寞并不因为我们生活条件的变化、居住环境的改善、经济状况的提高而出现缓解。相反,在不愁吃不愁穿的今天,我们心里感到孤寂的情形出现的频率会越来越高。这是因为社会越来越商业化,生活节奏越来越快,人也就越来越需要把精力用在对付激烈的商业竞争和生存竞争上，而无暇顾及精神层面的需要了。也就是说我们越来越变得忘记了应该用心去倾听和交流了。在商业浪潮的冲击下，我们下意识地就把自己的心层层包裹起来，就像现在商店里琳琅满目的商品，都把功夫下在外包装的设计上了，在精美礼盒的包装下，我们彼此碰触到一起的都只是表面的华美和商业应酬。

成人的世界有太多的设防，如若再把这些设防的技巧无意识地让孩子耳闻目睹，也会使得这个社会的未来变得越来越虚伪，越来越缺乏人情味。如果我们希望我们的下一代生活在一个充满人性温暖的世界里，那么我们从孩子降生的那天起，就要做好两个方面的事情：一是用心倾听孩子的心声，放下家长的架子和孩子像朋友一般的平等交流；二是要教育孩子，与人交往，也要用同样的方法：用心倾听、真诚交往。

其实告别寂寞很简单，那就是保持一颗单纯的心，用心去倾听与交往。就像歌里唱的，只要人人都献出一点爱，这个世界将会变成美好的人间。

18.自信与微笑

微笑比耍酷更重要

走在街头，我们常见到穿着怪异，表情冷漠的九零后，这种符号似乎成了一种时代的符号。

难道孩子们把耍酷当成了一种风尚，把这种风尚又理解为自信。

小鹿第一眼看上去，带着一种很酷的劲头儿，她说话的语调总是冷冷的，带着一种命令和强制，似乎不把任何人放在眼里，在班级里小鹿一个朋友都没有，课间别的同学都要到操场上去玩，可小鹿只会坐在教室里发呆。

班里新转来了一位女同学，班主任把她安排和小鹿同桌，这位女同学很开朗，没几天就和小鹿打得火热，小鹿的脸上也露出了少有的笑容。那个女同学还会主动牵小鹿的手，小女孩之间的友谊就是这样，总是要亲亲昵昵的。

不过，这种友谊没维持多久，就出现了状况，原因是新来的女同学接二连三地又交了诸位朋友，惹怒了小鹿。

小鹿觉得做朋友就应该忠诚，而不是随随便便管谁都叫作朋友。而那位女同学觉得，小鹿太自私，限制了她的自由，她生性活泼，喜欢热闹，和总喜欢指挥别人，让别人围着她转的小鹿处不来。两个人因此闹掰了，小鹿又变成了孤家寡人。

虽然小鹿表面上装作蛮不在乎，依然一副很酷的派头，可实际上，她都要难过死了。她不明白自己为什么得不到朋友，继而她觉得所有的同学都和她敌对。

其实小鹿没弄明白，她不肯主动和同学打招呼，又喜欢命令人。天性自由的孩子哪一个人喜欢被人命令呢？在小鹿有限的人生经验中，她还无法清醒地意识到，她如果不主动改变自己为人处世的方式方法，可能始终都很难交到知心朋友。

其实无论在任何年代、无论任何一个种族的人都喜欢心里充满阳光、脸上挂着微笑的人。这种微笑绝对不是强挤出来的，而是那种发自内心的微笑。

一个会微笑的人，才是一个真正自信的人。而冷漠的表情背后，常常隐藏的是一颗敏感脆弱的心。

对于只有 11 岁的小鹿来说，认识到自己身上的不足太难了，或者说根本不可能。她还不会像大人一样思考问题和分析问题，那么这个"开导"的重任理所当然由家长来担负。令人遗憾的是，不少家长都忽视了孩子渴望朋友的心理，而且有些家长，将自己的"封闭"性格、"冷峻"态度，传染给了孩子，使下一代也不善于用微笑来展示和表达自己。

自我符号的重要性

只有一个懂得客观看问题、比较能够正确认识自己的人才会拥有真正的自信，也只有真正的自信，才会赢得别人的尊重。

自信的人，一定是一个独具魅力的人，而魅力又是源自于个性和差异化。

螃蟹、乌龟、蜈蚣三位同学在蛇家做功课，大家口渴了，可是蛇家没有水。蛇说："我没有脚，走路会很慢，麻烦螃蟹同学去买水吧？"螃蟹说了："我一走路就横，也得些功夫回来，还是请乌龟同学去吧。"乌龟说：

"我的壳特别沉,每走一步都挺吃力的。"后来大家一致认为蜈蚣的腿多走得快,蜈蚣就开门出去了。蛇、螃蟹、乌龟等了很久可蜈蚣还没回来,蛇着急了,推开门一看,蜈蚣在门口呢!蛇说:"你怎么才回来?"蜈蚣说:"我还没去呢,鞋还没穿完呢!"

这个小笑话,充分显示了在群体生活中,自我符号的重要性,我们与生俱来都会有自己的特质,教育应该把这种特殊的符号优质化,而不是消磨它。不幸的是,几千年传承的礼教中,有一些要素是试图以个人的"平庸"来"符合"这个社会的。

当代的某些教育模式,其设计思路就似乎总想把人规范化。这种规范在老师和家长的心里也似乎早已根深蒂固。就像期末考试的数学试卷,每道题的答案只要一个,好像凡是和答案不相符合的,就是错的。其实,泥都有"土性",人谁没有个性。人的性格是千差万别的,孩子天性的差异更不是一道数学题,只有一个"标准答案",天性使然的一些东西,具有非常强的生命力,就像一块石头,任你怎么打磨也无法改变它的质地。当家长和老师言传身教培养孩子用心倾听和交往的同时,也要善于对不同孩子的不同天性加以保护。

迟书雁:艾蒙是一个很有个性的小孩,和他同龄的孩子比,在他的身上保留了太多的自由自在的天性。他高兴就大笑,生气就大叫。一个九岁的孩子这样外露,并没有让他成为一个遭人讨厌的学生,反而很多同学都喜欢他,愿意和他交朋友。可能他这么受欢迎,就是因为他的外露和直接。

能吸引他人的正是那种天然的品质,如果大家都一样了,这个世界就会变得空前的乏味。

不同的肤色,不同的种族,不同的文化,不同的个性,每一个民族都有自己的符号,美国人有美国人的开朗、法国人有法国人的浪漫,中国人有中国人的内敛。每一个人也都有自己的符号,如果我们因为社会的

“需要”而放弃了自己的符号,也就失去了自己的个性和魅力。

做自己是一种智慧的坚守,而且只有具备自己的特质,才会在今后的社会交往中展现魅力、游刃有余。中国的寓言故事《邯郸学步》,是从事物的另一面告诉我们,放弃自己的天性,盲目地学他人,最后连自己都做不成了。

从容做自己

前几年韩剧《大长今》在中国热播,收视率持高不下,同时涌现出了一批崇尚韩国文化的国人,韩文、韩国服装、韩餐,甚至是韩国的礼仪在中国都受到了热烈的追捧,这与几十年前,中国刚刚改革开放,盲目地崇拜西方有着惊人的相似。好在这股韩流热,并没有持续太久,就渐渐降温了。这其实是一种文化上的不自信,一种矫枉过正。取他人之长是一种美德,可是过度就是一种自卑,一种自我的丧失。如果我们集体自卑,又怎能培养出自信的下一代? 好在自2007年开始,中国人已经越来越自信了,已经找到了一种民族的自尊,民族的脊梁其实就是我们每一个中国人的腰杆,这会集合成一种自信的民族的性格。

一个有魅力的人,绝不是流于表面的人。衣着再光鲜、礼数再多,如果缺少内心深厚的道德修养支撑,也不会成为受欢迎的人,更不可能跻入主流社会。孟子说得好:现实世界是道德的世界,而道德背后的标准便是天,天表现于人,便是性。人若能有足够的修养,便能知天,达到天人合一。

如果不想把自己的孩子培养成餐厅服务员、迎宾,就放下一些规矩吧,尤其是很多没用的繁文缛节,做一个真实的自己。

这样讲不是要孩子不懂礼数,不讲礼貌,学会基本的礼节就够了,太做作的人反而让自己和他人都感到不舒服。礼数不过是包装,内在的

价值才最重要。

从我们的孩子读幼儿园那天起，大多数爸爸、妈妈都会对孩子说："听阿姨的话啊！"可是一般情况下孩子都会哭，看上去难以适从。这种哭是潜在的恐惧和孤独感在作祟。

这就又一次验证了，我们人与生俱来就是怕寂寞的，也验证了只有微笑才可以让我们再一次获得自信和安全感。

不炫耀不自卑的笑容

人类的哭比笑更发乎于情，没有一个人愿意看到一张苦瓜脸，虽然我们人心是向善的，常常会在弱者的面前表现出怜悯的情绪，就像法布尔笔下的蟋蟀一样，它会如同一个有官职和等级的绅士一样以同情的目光去看待那些无家可归的其他昆虫。

当一个个体的生命总是被他人同情的时候，要么他真的是弱者，要么他以为自己是弱者，无论是客观存在的弱，还是自我想象的弱，长期下来都会变得自卑，把自己的喜怒哀乐，甚至命运寄托在他人的身上。

在家庭环境中，会表现在孩子取悦于父母、妻子取悦于丈夫，孩子学习好，并不能直接产生荣耀感，而是要在他人的赞许声中才能得到充分的满足；妻子穿一件好看的衣裳，必须赢得丈夫、家人和同事的目光赞许，或者用名牌来证明衣服的价值，继而来证明自己的价值，这都是一种不够自信的表现，是需要别人的认同反过来确认自己的成绩和价值。

要知道，同学与同学之间是竞争关系，我们的孩子得了第一，别的同学就只能屈居第二、第三甚至最末一名，本来考得不是很理想的同学心理压力就大，哪有什么心情去认可别人的成功呢？所以做家长的要有虚怀若谷的心性和修炼，传达给子女一种自信：如果在一个群体当中是出类拔萃的，那么尽量把锋芒放在心里，而流露在脸上的是自信支撑下的笑容，对某些方面比自己差的同学表现出一种宽容，而不是炫耀；反言之，如果自己的孩子在班级里平平庸庸，甚至是差生，那么一定要告诉他每个人的天性和长处可能并不在同一个层面上展现，有些人展现在分数上，有些人展示在操场上，有些人展现在艺术上，有些人展现在生活能力上。不要仰仗他人的帮助和可怜，也不要只看到自己的短处而让自己的自信心受损。做家长的首先自己要自信，每一个孩子都是我们的财富，是上天赐给我们最好的礼物，即便是身体有残疾的孩子，我们也不要在他的心里再打上残疾的烙印。

2008年春晚，让人感动的节目之一就是盲人青年阳光的节目，他站在舞台上，虽然双目看不到辉煌的晚会现场，但他心里流露出来的阳光却温暖了台下和电视机前所有的观众。只要心里有阳光，即便是盲人，眼前也会有光明。不要觉得这好像是自欺欺人，不，这是人的自信的潜能。

在美国，有一名深受观众喜欢的电视节目主持人，他的右手只有4个手指，他的名字叫安迪，因为自身的残疾，他经过一年半的努力，才找到一家可以录用他的电视台。在试镜前，电视台的领导要求他戴上义指，可当他真正主持节目的时候，却自作主张地摘下了义指，以最自然的状态去面对自己的缺陷和观众。

由于安迪真诚、自信、充满魅力，他主持的节目收视率直线上升，拥有了一大批粉丝。类似的人和事在我们的生活中俯拾皆是，令我们一次又一次地感受自信的魅力。

自信而又不炫耀的人，脸上常挂着安详的笑容。同样是笑，有的人笑起来很轻佻，有的人笑起来很狡诈，而有的人笑起来却让看到的人如沐春风。出自真心的笑容才最打动人，最诚挚的笑容胜过美丽的外表、奢华的服装。

微笑本身好像在说:“我喜欢你,你使我快乐,见到你非常愉快。”真是无声胜有声。

微笑是与他人交往的通行证,这在任何一个年代都适用。

让我们和自己的孩子微笑着面对人生吧。

19.倾听与交谈

倾听让心变得透明

我们人类只长了一张嘴巴，两只耳朵，这或许就是在告诉我们：多听少说。

越来越程式化、快节奏的现代生活，使我们逐渐变得麻木。人们似乎已经丧失了正常的听觉。城市的聒噪掩盖了天籁的声音，我们甚至忘了在夜晚的时候，仰起天空会看到群星，也忘了只要仔细聆听，依然会在夏日的午后听到蝉鸣，依然会在雨夜感到莫名的伤感与浪漫……

其实，只要我们愿意，我们总能听得到打动心灵的声音；只要我们不关闭心扉，总有些话语让我们感到温暖。我们这一代做父母、做老师的，恰巧经历过新中国的“对外开放”，目睹了中国“城市化”的突变进程和商业化变革对人的心性的影响。因此，我们还有对比，还喜欢回忆，还时常念旧。而我们生养的孩子，他们呱呱坠地就面对的是当代中国社会转型的纷繁错杂和狂飙突进。他们耳朵里听到的，是“爱拼才会赢”，是“赢在起跑线上”。现实的巨变导致观念的巨变，他们通常被我们灌输成要拼要赢的“强者”了，而对于倾心聆听，缺乏经验。

他们很难去领悟：回归平静才会感动，善于倾听才会交谈。倾听与交谈都是高尚德行的一种表现。

如果我们真的愿意倾听，我们的心就会变得宁静和透明，也只有深谙“倾听与交谈”的艺术，才可能让生命之花开得绚烂。

如果我们能够教会孩子带着简单的快乐和满足去倾听，我们会发现同一个人，会产生惊人的蜕变，这种感受甚至连我们自己都从未有过,却可以通过聆听缔造出来。

大孩子和小大人

圣皮埃尔神父管成人叫大孩子,那么反过来,我们的孩子就是小大人。

暂且撇开“教育”这个有点沉重的话题,它像一个幸福的包袱,而包袱终究是包袱,即使是幸福的,也会有压力和重量。

那些小大人们不懂其实我们是大小孩，不懂我们并不是他们所看到的那么坚强,我们有的时候也想像他们一样在难过的时候哭鼻子,也想在晚餐后呆在亲人的身边,享受片刻的宁静,也会在遭受挫折以后,产生点悲哀和抱怨。

可是,当父母成了他们的主宰、覆盖了他们整个的天空后,小大人们就丧失了某些权利,而他们在爱和依赖我们的同时,甚至会因为不得法的沟通方式而产生压抑和窒息,甚至也会在个别问题上对“大小孩”怀着恨意。不要回避,每一个孩子可能都曾对自己的父母产生过不同程度的抱怨甚至是憎恨，每一个孩子可能都会觉得是父母限制了他们的自由。

无论任何一种形式的爱都存在着杀伤力吗？包括父母对孩子的爱？这是爱本身的错,还是爱的方式方法有误？

最亲密的人也是伤害最深的人,似乎清风总是听不懂明月的歌,似乎鸿雁虽然是传书的,但是没有一封信,能让雁群读懂和伫留……

也许只有当我们把孩子当成小大人,把自己当成大小孩,二者的关系才趋于平等。

其实这种平等的关系，非常有利于孩子的成长，另一方面，也可以让大小孩们减少一些负担，缓解成人世界现实的沉重。

谁告诉我们不能在孩子的面前表现出童真的一面？当孩子从我们的身上找到了自己的影子时，才更有利于孩子的成长，我们也可以静静反思一下，孩子的身上都刻下了哪些我们的印迹。

在孩子没有踏入社会参加工作前，在他们的身上处处可见父母的缩影，可见环境的相对单一造成大小孩对小大人的全面影响。

如果我们能放下父母的架子和一些不该负担的责任，可能就会削减这种影响。

无论父母是多么优秀的人，对孩子强迫式的影响都应该是越小越好，因为孩子是一个独立的个体，他从受孕那刻起，就遗传了父母的心性，不管他愿不愿意，这已经无从选择。有遗传也有变异，要让自己的子女超越自己，除了遗传父母的优点，变异是不可忽视的方面，而变异不可能像一条走了几十年的路那样被我们了如指掌、驾轻就熟，变异总会包含着一些前所未有的新鲜元素，因此家长除了要正视这些新元素外，不抑制和扭曲孩子的天性，就是妥善保护的有效途径。

时下，有些教育家鼓吹儿童无差异。我们还经常听到一句话"儿童的心灵就像一张白纸，你想往上面画什么图画，就是什么图画。"其实这些观念都不够客观，每一个人都有自己的特质，那么教育就有了共性的教育和个性的教育差异。而个性教育通过学校和老师这种"集体"操作的模式，有很大的难度，因此更多的可能是由做父母的"大小孩"们来承担这个责任，也只有我们大小孩更有条件做好针对自己孩子的个性教育。

文明的弊端是揣测

每一个人在社会上都扮演着诸多的角色,而每一个社会的、家庭的人,都有着蜘蛛网般的关系。这些关系可能支撑我们走向幸福,也可能变成绑住我们手脚的绳索。在成人的现实世界里,在商品经济仍然倚重“关系”和“后门”的转型时代,我们为这些关系烦恼,又发现了这些关系存在着的必要性,人生太多的矛盾,导致生命历程必然经历一些挣扎。而成年人的这种矛盾挣扎之中,同样包含着对孩子的影响以及对孩子坦诚的分寸拿捏问题。

智慧绝对不是把简单的事情复杂化,而是相反。可惜的是,我们这些早已远离了童真,又渴望童真的“大小孩”自己把身边的关系搞得错综复杂,却还不得不用很多的时间去揣测别人的想法。

其实,文明的一个弊端就是过度揣测,凭自己的臆想去度量别人的心思,这种揣测不仅是在家庭以外,在家庭内的揣测也时常可见,大小孩已经在不经意间把一些成人世界的积习诟病传染给了小大人。

我们把大把的时间用在揣测上,而不是倾听上。

除了人类,想必其他生物的世界一定不会有我们如此的禀赋,因为这个世界上还有哪类物种比人类更聪明呢?

让我们放下包袱,少一些自以为是、自我敏感的聪明,或许更得心应手些。

电话那头的“小精灵”

善于倾听是一种德行,也是人与人之间高尚的沟通方式。

小男孩汤米认识一位小精灵，说是认识，又不完全正确，因为他和她从未见过面。他只是熟识这个小精灵的声音，她叫苏珊。每次他遇到了难题，都会打电话给她，而她总是耐心地倾听着。有一次，汤米在玩耍时不小心被锤子砸伤了，当时他非常希望得到帮助，可是家里没有人，哭也不会有谁听见，他显得那么的孤独无助。只好把希望寄托在那个叫“问讯处”的小精灵身上。

听到苏珊的温柔的嗓音，他孤独的心灵一下子得到了抚慰，终于放声大哭。这既是伤痛带来的痛苦的哭，更是在孤独中找到了希望的幸福的哭。后来，他那只心爱的小丝雀突然死了，汤米不仅痛苦，同时对死亡充满了恐惧，如何化解他心中的伤痛，不让死亡留给一个孩子太多的恐惧，苏珊有了一个美好解释，她告诉汤米，小鸟到另外一个世界唱歌去了，这是多么美好的事啊！听着这样的话，笼罩在孩子心头的阴影立刻消散了，快乐又回到了孩子的身边。

汤米一直非常想认识苏珊，把她当作从未谋面的第二个母亲。

当汤米长大后，非常想见到苏珊，可惜苏珊却在他们约定见面的前一天夜里离开了人世。

苏珊——一个汤米从未见过面的人，却因为耐心倾听汤米的话，耐心地和汤米交谈，成了汤米一生中无法忘却的人，想必即使汤米到了耄耋之年，也不会忘记他童年岁月里，那个愿意听他讲话的苏珊。

我们热爱生活，热爱人类自己，就一定要学会倾听。倾听就像是爬山虎，有着神奇的生命力，能够沿着一切可以攀附的美德向上，最终在理解的阳台上绽放出笑容。

首先，让孩子学会倾听，丝毫不比让孩子掌握科学知识和技能来得可有可无。能听懂蝉鸣、能被树叶的“沙沙”声吸引，能在海涛中涌荡起澎湃豪情，远远比早早就能背诵三百首唐诗和熟练演示加减乘除来得意义重大。学科知识只要有学习的愿望，只是一个学习时间的问题，什

么时候学都还来得及，但如果心性从小就变得傲慢和闭塞，则是可怕的习惯。

心灵教育比学科知识更重要

现代的孩子，大多比较自我，很少去考虑别人的感受，更甭提倾听。

以自我为中心，已经成了一种普遍现象。这与中国家庭结构发生了巨变有着必然的关系。我国为了抑制迅速膨胀的人口，20 世纪 70 年代末就开始实行计划生育，在三口之家长大的孩子，由于家庭结构的简单化，不自觉地影响了孩子的交往能力。另外，大人与孩子相处，自然而然地会让着孩子，谁会去跟一个孩子争高低呢？家里又没有辈分一样、年龄不相上下的伙伴，所以 90 后的孩子们身上多少都有些霸气，只不过有的外露，而有的内敛些。

“以自我为中心”的确是 90 后出生的孩子的特质。

当这些孩子到了上学的年龄，步入了一个全新的集体环境，除了学习，要适应的还有与同学的交往。

这一课，在小学和初中的课本里都没有讲。那么孩子在人际交往方面既无法系统地学习，又不知如何向外界求助。

寂寞也好，彷徨也罢，小小的心灵只能独自承担。

学校和家庭都有一个共同的声音——学生的主要目的就是学习，这样就使得孩子们产生这样的心理：学习以外的事情，都是不被大人认可的。

我们先来审视一下成人的世界，无论东方西方，没有一个成年人可以做到完全像机器一样，一句闲话都不说，只是努力工作和奋斗。

成年人都无法做到的事情，那我们有什么必要非要求孩子把所有的时间都用在学习上呢？用课业把孩子所有的时间都填满，就像是把一张画的所有空白处都泼上墨的做法不可能成就艺术一样，很难培养出具有创造活力的天才来。在一个人的童年,更重要的是心性的培养,这一点西方社会的家长做得就宽松灵活得多。

美国内华达州一位名叫伊迪丝的3岁女孩对妈妈说，自己认识礼品盒上的“OPEN”的第一个字母“O”。这位妈妈非常惊讶,问她是怎么认识的,回答是“薇拉小姐教的”。这位母亲在表扬女儿之后,一纸诉状将薇拉小姐所在的幼儿园告上法庭,理由是她剥夺了伊迪丝的想象力。女儿在认识“O”之前能把“O”说成苹果、太阳、足球之类圆形的东西,而在认识26个字母后,伊迪丝便失去了这种能力。幼儿园应为此负责,要求赔偿伊迪丝精神伤残费1 000万美元。此案迅速在内华达州引起轩然大波,伊迪丝所在幼儿园认为这位母亲一定是发疯了,部分家长也认为这位妈妈小题大做,这位妈妈聘请的律师也认为官司胜诉的希望渺茫。

3个月后,此案在内华达州立法院开庭,这位母亲在辩护中谈到:自己曾在国外旅行,在一家公园里看到两只天鹅,一只被剪去了左边的翅膀,另一只完好无损。被剪去翅膀的天鹅放养在较大的一片水塘里,而另一只完好无损的天鹅则被放在一片小小的水域里。根据公园管理员说,这样可以防止天鹅逃跑。被剪去翅膀的天鹅因为无法保持身体的平衡而难以起飞，而那只未被剪去翅膀的天鹅因为缺乏起飞所需要的滑翔水域,也只能老老实实地待在那一小片水塘里。这位母亲认为,自己的女儿正在变成那家公园里被剪去翅膀的天鹅，幼儿园把自己的女儿过早地投进了那片只有ABC的水塘。陪审团的23名成员被这位母亲的故事感动了,判决结果是幼儿园败诉。

我们中国父母的心态与这位美国的妈妈恰好相反，如果中国的孩子在幼儿园什么都没有学到,那一定会状告幼儿园荒废了孩子的时间。

填鸭式的教学普遍得到中国家长的认识。一个小学四年级的学生，可能已经学了七年的英语，要知道十岁左右的孩子连母语都掌握不好呢，可却被应试教育和大人逼着去学第二语言。而且中国的家长常常会炫耀孩子某一方面的技能，仿佛这代表着一种能力与教育的成功。殊不知，在五花八门的教育下，父母却疏忽了对孩子心性的培养。

心灵的教育比学科知识更重要。孟子说过："我养吾浩然之气。"所谓心性，也指"气"，当内心的修养达到一定的境界，流露出来的就是一种"气"，即使一言不发，只是静静地倾听，亦已经给他人留下了美好的印象。

如果一个孩子每天除了上学，还要疲于应付各种课外辅导班，那么心性早晚有一天会被磨平，更甭提内在的修养与气质了。

20.与孤独相处

在孩子眼中孤独是无形的怪兽

德国著名哲学家叔本华认为：孤独的坏处就算不是一下子被我们感觉得到，也可以让人一目了然；相比之下，社交生活的坏处却深藏不露；消遣闲聊和其他与人交往的乐趣掩藏着巨大的，通常是难以弥补的祸害。

每一个人都是害怕孤独的，虽然程度不一样，但是在漫长的人生道路上，我们又很难绕过所有的孤独和孤独感，因此相应的办法就是学会与孤独相处。

认识孤独要分为三个阶段：懂得拒绝；与孤独对话；得到孤独的点拨和惠予。只有成年人比较善于辩证地总结孤独的好处，并发乎自然地从被孤独环绕的境况中发出微笑。孤独就像是一个腼腆、害羞、不善言辞的伙伴，虽然性格内向近乎孤僻，但仍然不失为一个纯洁、诚挚、高尚的心灵伙伴。

现代社会，我们常常见到一些疲于应酬的男人与女人，美国一家杂志对应酬做过这样的调查，下班出去泡小酒馆不回家的人，大多是中层阶级或者穷人，真正的有钱人，包括所谓主流社会的人群，不太会在下班后，三五成群地去消遣。

这份看似简单无趣的调查，折射出一个道理，任何天才和杰出的人，都要具备不怕孤独的素养，要能够与孤独相伴，与孤独为伍。

孩子都是惧怕孤独的，在他们眼中，孤独仿佛一个无形的怪兽，一口就会把人吞掉。

小孩子还不能认识这么一个无形的而又有益处的朋友是可以理解的，因为一个孩子，还处于形象思维的阶段，就像一个幼儿的梦里，常常出现的只能是具体的人和物。他可能梦到一件心爱的玩具、一个卡通片里的人物，梦到妈妈、爸爸，但他似乎很少会做一个有故事情节的梦，这是因为幼儿本能地擅长的是形象思维，那么对于看不见的而又浩渺的孤独的感受与体验，他自然是难以理解和对付不了的。

随着年龄的增长，一部分人开始认识孤独，并懂得与孤独对话，与孤独对话其实也就是与自己说话，很多小学生都有这样的表现，一个人的时候会自言自语，说一些自己感兴趣的话，也是乐在其中，这种表现是因为孩子已经有了抽象思维和逻辑思维。

孩子继续成长，到了初中阶段，这种自己说话的现象又渐渐消失了，他开始强烈意识到自己是一个社会的人，需要朋友，如果这个年龄阶段被同学们冷落，他的心理会受到非常大的伤害，也就是说，我们人类在成长的过程中，都曾经与孤独擦肩而过，能与之握手，继续前行的却少之又少。

当我们长大，在外人的眼中成为一个年轻人，与自己说话更不可能了，其实不是我们没有与自己说话的欲望，而是认为自言自语是一种精神异常的表现，然后我们再逐渐地成长和变老，到了老年以后，很容易变得絮絮叨叨，即使没有人听，也要不停地说，旁人不懂，其实老人是在与孤独对话。

纵观生命的整个过程，其实只有在童年阶段，害怕孤独是一种正常的生理和心理反应。

丑小鸭的美丽蜕变

少年阶段以后的拒绝孤独是出自一种自我判断和喜好。

这是自我认识与价值决定的，我们将成为什么样的人，客观因素的确会影响主体，但终究决定其生长方向的还是内因。

我们都熟知安徒生的童话《丑小鸭》，当它被所有的小鸭嘲笑丑陋时，只有伤心地离开、独自一个人生活。当它在池塘里看到那么多美丽的天鹅时，是多么地艳羡那些美丽的生命，没想到有一天当它低头看到自己在水中的倒影时，发现自己已然成了一只美丽的天鹅。可以说丑小鸭的蜕变，内因起到了决定性的作用，如果它就是小鸭的基因，它只能枉羡慕天鹅。

我们人类世界，如果发生了类似丑小鸭的故事，就要因势利导，善于从自身找出优势，而不要抱太多的得失心，拿自己的短处去与别人的长处抗衡，这在家庭教育中属于大忌。

在教育中，我们指的内因，一方面是指心性，这是无法改变的，但无法改变不是指某某人一出生就没出息，某某人一出生就含着金钥匙，而是每个人的天性不一样，得朝着适合他成长的方向培养。

孩子本来有艺术天赋，家长偏让他搞体育；孩子想成为科学家，家长偏让他长大后经商，都是有悖于心性教育的强迫性，是一种看不见“暴力”的暴力手段。

另一方面，我们所指的内因，是个体生命的愿望，他非常渴望成为什么样的人，就容易成为什么样的人，这点与刚才讲的心性是相一致的。

人类是一个很复杂的机器，迄今为止，任何一个领域也没有搞懂人到底是怎么回事，但我们人却会感性地选择适合自己生长的方向，这不得不让我们感慨造物的伟大和玄妙。

2007年，农村孩子王宝强在娱乐界几乎红透了半边天，他从8岁那年看了李连杰的电影后，就有一个强烈的愿望，也要去少林寺学武拍电影。他所理解的，不是去少林学完武功后，再去拍电影，而是少林寺本来就是拍电影的地方，以为他每天练功和生活就是在拍电影，这听起来极尽的荒唐和搞笑，而命运却垂青了这位执著的、“愚钝”的追梦人。

王宝强除了要感谢自己的坚定外，更要感谢的是他的双亲，虽然他的父母都没有文化，但却无意中做对了，孩子喜欢做什么，他们支持，即使在农村人的眼里王宝强的理想无异于痴人说梦，父母还是用实际的决定支持他走向梦想的道路。想必文化程度极低的王宝强，是懂得与孤独相处的，也正因为这些年来，无论生活多么艰难，都有孤独与他形影相随，孤独转化成了梦想的模样，一路支撑着他接近成功。

孤独是良师益友

有理想的人，大凡都是孤独的。而历史上，在各个领域作出杰出贡献的人物，基本上都不被世人理解，凡·高和陈景润都被曝曾经患过自闭症。其实，仔细想来，这是一个很不准确，甚至有些辱没人格的定义。

难道只有变得和普通人一样，在看似繁忙实际无聊的应酬中丧失了个性和理想才是心智健康的人吗？

所谓的“自闭”，同样有可能是在享受自我的精神世界，也就是在“自闭”的日子里，凡·高才画出了举世的杰作《十四朵向日葵》，陈景润才将哥德巴赫猜想进展到常人难以达到的层次。

诚然，这两位人物的结局似乎都很悲惨，凡高在郁郁中自杀，陈景润因车祸等一系列疾患，最终导致帕金森症而离世。但是，这并不代表与孤独相处就只能在孤独中凋亡，凡·高的死是时代的、性格的悲剧，与孤独无关，而陈景润的离逝是环境等多种因素导致的。

如果成年人把工作以外的时间都用在消遣上，那么他就失去了更多思考的时间。

这是一个知识快速更新的时代，每一个社会的人，有进取心的人都应该善于思考和学习。那么，孤独其实是最好的老师，当我们为了填满所谓的虚空的时间，必须找人作伴，也就丧失了“孤独”这位良师益友。

我们大人只有认识到了孤独的好处，才会去帮助孩子与孤独交朋友。

幼稚的大小孩

无法接受和忍受“孤独”的人，其实或多或少都有一种幼稚心理的再现。我们讲过，大人，其实就是大小孩。在大人的身上往往也会看到孩子的特质，比如说依赖心理就是一种幼稚心理，一个拥有健康和健全人格的人，应该对自我有清晰的认知，不再过分依赖外界因素。在成年人中，生理健康成熟的人随处可见，但心理完全健康的人却少之又少。

用能否与孤独相处和对话，可以衡量出一个人的心智是否真正的成熟。

有一组测试题很能说明一些问题：

A.你无论到哪里都需要有人陪吗？

B.你买了一件新衣服，或换了一个新发型，需要得到别人的认同吗？

C.你遇到事情，是自己解决，还是找人商量？

D.一周七天，没有一天自己独处的时候吗？

E.毕业以后，你很少再看书，而是把更多的时间交给了电视节目和网络？

每个题2分，如果得8~10分说明你患了严重的幼稚病，虽然年龄是大人，但自我认识不清；5~7分，说明你患有一定程度的幼稚病；1~4

分有幼稚病的倾向。

我们大人，做完这组心理测试，一定会大吃一惊，“天啊！原来，我很‘幼稚’呵。”

是的，大小孩们！我们都有某种程度的“幼稚”病，这虽然不是一种严重的心理疾病，但长此下去，却会影响一个人的作为。

如果连我们自己都是如此地“幼稚”，我们还怎样去教育自己的孩子呢？

在孩子的幼儿时代，父母除了身高比孩子高，并不见得事事比孩子聪明和敏锐，之所以这样说，并不是要我们做家长的去和孩子搞“智力竞赛”，而是要提醒父母们注意，千万不要把自己变成一个幼小生命的管制者，虽然我们是幼小生命的监护人，但这和“管制者”是完全不同的两个“角色”，父母准确扮演好恰当的角色，是幼儿教育成功的另一个关键。

我们应该是孩子的玩伴，与孩子共同成长，在成长的过程中，不断地自省，当认识到自己的不足时，就要严格要求自己，就像严格要求孩子学习一样，注重孩子的心性培养，也想像注重学科知识一样。千万不要以为小孩子没社交，千万不要把社交定义为请客吃饭、曲意逢迎、呼朋唤友，这是将社会较庸俗化的习俗蔓延到家庭的不智之举。

作为家长，最可怕的是为了让孩子在学校里当班长，为了让老师能更好地“教育”孩子，不惜给老师送礼、跟老师拉关系，这种做法无疑于让孩子从小就误解了“社交”的本义。

我们这个社会总是将一些事情本末倒置，将一些概念混淆和模糊，这或许也是成人犯有幼稚病的一种表现。这种做法将直接影响孩子的人生观和价值观，如果这个社会光靠请客送礼就可以有一个好前程，如果整个社会靠投机取巧就能使国家具有世界竞争力，那么我们还要学习、重视教育，还要努力培养全面的人才做什么呢？

让孩子能听懂孤独的语言，是一种品格的升华。

拥抱孤独

看过一篇散文，记不得名字了，只记得里面有一段感人至深又富于哲理的话：

那时，我不知道它的名字，现在仍然不知道，它究竟是哪种鸟呢？想着、想着，自己却不禁失笑了，真是太傻，名字有什么用？人们喜欢各种好听的名字，鸟不一定喜欢，鸟喜欢唱歌，人不一定能听懂！其实，人爱不爱听都一样，鸟是唱给鸟听的。

这段话仔细品来，蕴藏着至深的做人道理。

鸟在枝头唱歌的时候，一定是在与自己说话，是唱给自己和自己的同类听的，它未必需要人类的认可。人类对鸟的赞赏只是人类一厢情愿，鸟不需要，它只需要飞翔和休憩，需要偶尔在枝头亮亮嗓子，一直拥抱它的天空。这么讲下去，又是我们人类的揣测了。

孤独就在身边，闭上眼睛去体味，然后试着与它对话，这倾心的交谈，胜过世间任何一种美好的声音，天籁之音不是唱出来的，而是感受到的。

让大小孩和小大人一起坦然走进孤独，并且尝试着热情地拥抱它吧。

21.对财富的理解

更加务实的财富观

对财富的向往,是不分国界、不分时代的。古今中外,人类一直以来都对财富表现得野心勃勃。在当今全球经济一体化的格局下,财富的重要性就更加凸显了出来。有钱可以周游全世界,有钱也可以进行全球性的投资,而没钱呢? 没钱就寸步难行啊。

财富与幸福有着微妙的关系,当代中国人对“金钱不是万能的,但没有钱是万万不能的”这句话有着最真切的体会。

有多少财富才能喂饱我们的物质欲望?

我们又该如何赚取财富和保护财富?

我们一生都离不开钱,我们是金钱的主人还是奴隶?

当我们没有钱时,挣钱是我们维持基本生存的最迫切需要;然而当我们可以支配一定数量的金钱时,财富会不会变成我们的包袱?

在过去的二三十年中,中国经历着前所未有的社会转型,其中传统的价值观面临巨大的考验和挑战。更加务实的社会环境、社会潮流使得大多数成年人的幸福感、归属感、安全感都更加有赖于物质,而那种纯粹的精神的愉悦似乎正越来越被人所淡忘。

的确,人不是螳螂,可以不花一分钱,在漂亮的花园里建造它们的宅院,然后在树上若有所思地凝望那些以流浪为主的其他生物。

我们是人,而且是扮演着社会角色、家庭角色的人,我们承担着诸多的责任,这些责任的承担是离不开物质基础的,说得更直截了当些就是离不开钱。比如说我们养育子女,不仅需要智慧,还需要物质做后盾。当孩子长大后,他们也可能沿袭和循环着我们当前的状态。所以,孩子对财富的认识也是重要的一课。

听一个妈妈讲过财迷儿子赚钱的故事,小男孩的名字叫林达。

林达三岁那年的一天,妈妈把他打扮得干净整齐,然后领他去逛街。一转眼的工夫,妈妈发现林达不见了,着急地四处寻找。才发现这个孩子学着其他乞讨的小孩子跪在地上要钱。

林达上幼稚园的时候,其他的小孩子都在操场玩,而他在一角摆起了算卦地摊,"算卦了、算卦了,一次 2 元"。

林达上学后,在班级里做起了生意,同学打一次钢笔水收费 2 毛、用一次削笔刀 1 毛。

这个小家伙赚钱的意识多么强烈,居然满脑子想的都是钱,甚至为了钱可以不择手段。

孩子做事情比大人投入,当他感到钱的重要性时,就完全投入到实践中。

大人当作笑料一笑了之,可是我们必须认识到,像林达这样的小孩子对钱已经有了自己的观点和态度。

中国有句话叫作"君子爱财,取之有道。"如果我们的孩子很小就对财富有所向往并敢于实践,这并不是什么可耻的事情。相反,我们应当对孩子的这种禀赋加以引导,除了要防止对于财富的追求变成孩子人生唯一目标外,我们完全可以将孩子所有的以"劳动、服务和技能"换取金钱的行为看成是他们最初的生活体验和社会实践。

传统的教育观念一贯强调,不要让孩子因为金钱变得市侩和铜臭、越是急功近利,就越难达到预期的目标。然而,现在的社会现实已经发生了变化,竞争几乎渗透进整个社会的各个层面和方面。而竞争最白热化的表现就是商业竞争，即一切围绕着商业利益的竞争。在一个连上好的托儿所、幼儿园都要以缴纳“赞助费”的多少来决定取舍的竞争环境中，让孩子早一点认识到金钱的重要理应是明智之举。

以往，我们会鄙视那些富裕的父母在物质上过分骄纵和满足孩子，我们认为那种物质带来的快感和荣耀常常可以使一个孩子对财富产生偏颇的认识。但是，我们也必须清醒地意识到，用物质来激励孩子，固然强化了孩子的物质欲和依靠物质而得来的快感和幸福感。但这同时也不失为一种更加务实的、关于财富的“早期教育”。因为现在整个社会，早已形成了一个“重利益”的风气，鄙视金钱，只能让我们离财富和幸福更远。

有句老话叫“不当家不知柴米贵”，未来的数十年里，中国在教育、医疗、住房和社会保障等重要方面可能还将长期面临社会转型期的缺陷以及缺陷所激起的阵痛，因此对普通劳动阶层、工薪阶层而言，完全依赖通过国家政策的调整、调控来确保社会的公平和平等，不如让“穷人的孩子早当家”为上策。让孩子早一点知道社会的险峻、世态的炎凉、财富的重要，就是让孩子适应未来的社会，就是为了避免孩子在走上社会之后面临现实与书本教育完全脱节的窘境。我们的教育也是主张孩子“经风雨、见世面”的，那为什么就不能让他们早点经经“社会”的风雨，见见“财富”的世面呢？

感受纯粹的精神愉悦

我们强调财富观上的“与时俱进”，是不是一味地教导孩子要有竞争意识，要学会挣钱的手段呢？是否拥有了金钱或只有拥有充足的金钱才能得到幸福和快乐呢？

其实，快乐的源泉是多元的，有依赖于物质的，也有精神层面的纯

粹的快乐。

我们生活在城市的人越来越感受不到纯粹的快乐，这完全是因为我们已经被追求物质的洪流冲击得头晕目眩了。

当我们谈财富,注重财富的时候,我们必须同时教会孩子感受纯粹的快乐,即快乐本身。

这也是培养孩子学习兴趣的基础建设。如果一个人的童年就已经对单纯的事物不感兴趣,甚至凡事都跟物质利益挂上了钩,那做家长的就应该意识到自己的“矫枉过正”了。

迟书雁:我去子荐家里家访,看到过一个会走、会发出声音、会用手抓东西的机器人,是远红外操控的,我感到很惊异,我小的时候可没玩过这么高档的玩具。可他却不把那些现代化的玩意放在眼里,倒是教室院墙后边拴着的一只大公鸡,引起了他和其他同学的兴趣。

每次课间,子荐和泽宇都要去教室后院斗鸡,斗得乐此不疲、昏天黑地,有一种不跟公鸡将军大战个数十回合、誓不罢休的架势。

他们的招势既有传统的,也有创新的。什么“子荐斗鸡”、“公鸡吃草”、“金鸡独立”、“棒打公鸡”、“公鸡跳脚”,后来连班里的两个女孩子也加入了进来。

赵煜堃:我们追求财富实质是追求一种富足的生活,是为了摆脱因贫困而引发的忧虑和恐惧,让内心更安宁、更快乐、更幸福。财富是快乐幸福的有力支撑,但绝非唯一的支柱。也就是说,不仅仅只有财富能令人感到快乐和幸福。人类在与自然生态、文化生态的接触中处处都能体验快乐和幸福,沉浸在纯粹的精神愉悦里怡然自得。

有些人可以听见花开的声音，可以在露珠与花蕾之间看见平时看不见的世界,并为之激动和悸动。有些人可以在飞驰的汽车上感觉到高速公路对于历史纵深的穿越,在闪烁的树木、山石间看见童年伴着风声扑面而来。同样,也有的人会在一段熟悉的旋律中或者在一阵似曾相识的味觉体验中，对纯洁如水的初恋再次身临其境。而阅读的快感，更是人们对于优美文字的一种普遍的精神享受，我们不仅在文字中获得灵魂的安抚，我们还在得到安慰的同时，变得宁静、豁达和深邃。

我们教育孩子，应当教会他们分析、认识事物本质的本领，如果我们追求财富，其实不是为的财富本身而是财富带来的快乐与幸福，那么我们也就不能忽视让他们获得快乐和幸福的各种途径。我们要引导孩子灵魂积极的“主导意识”，就是努力使自己成为一个生活的主导者，不仅是财富的主导者，更是自己命运和幸福的主导者。

学习优异等于有前(钱)途？

以往我们的学校教育，是很少直接涉及金钱或金钱奖励的。尽管这种状况已经有所变化，但作为社会教育工作者的老师，基本上还是恪尽职守以科学人文教育为主的。

但在我们家庭的教育里，父母却可能这样告诉自己的孩子，“你要好好读书，这样才会有一份收入不错的工作，才会有稳定的人生。”好像读书是通向了一条康庄大道，只要学习好，读好的大学，就会有好的人生。越是一般的家庭状况越容易认为读书是一条出路。

做父母的有这种想法有什么不对么？没有什么不对呵！我们可以说这种想法太“现实”，却没有充足的理由指责其“错误”。而且，随着中国经济体制的改革，商业化的潮流不可阻挡地在全国几乎所有的校园里“势如破竹”，当代社会对大学教育特别是名牌大学形式上的需求越来越强劲和苛求，就业谋职取得更高级别的职位都需要看文凭、认学校。这在西方世界早已习以为常了，随着中国与世界特别是欧美国家的“接轨”，更随着中国经济经年高速发展，“搞原子弹的不如卖茶叶蛋的”这种脑体倒挂的现象已经被彻底逆转，国家对于基础科学研究和科技创新的重视与经费支持,越来越显现出做父母的“唯有读书高”的认识的“高瞻远瞩”和“现实有效的正确”。

无论搞研究还是搞管理,无论是做商人还是做文人,都需要看学历重文凭,在这样一个现实状态中,学习理所当然地成为改变我们命运的一种重要途径和方式。

不是家长太“现实”,而是现实太“残酷”。

当然,接受高等教育获得大学文凭,只是拿到了参与竞争的入场券。中国庞大的人口基数形成为数不少的大学生“毕业等于失业”的严酷现实。因此,除了校园学习,我们还必须掌握适应社会和顺应形势的技巧。体现在财富观上面,就是除了要拿到通向财富的通行证,还要善于搭乘取得财富的顺风车。比如要加强演讲、交际、社会交往、关系建立、资源利用的能力,要认清现实世界的“游戏规则”并能够灵活应用,而不是躲在象牙塔里,自命清高,以为自己一旦站在了社会道德的制高点,就符合社会规范并能所向披靡。

不是这样的。社会的结构和层面具有多重的复杂性,我们和孩子都要具备应对复杂社会的能力,才能有自己的立足之地,进而成为一个在任何竞争中立于不败之地的人。

追求而不是惶恐

如果我们不希望我们的孩子长大以后受穷或败家的话,那么从现在开始注重对孩子财富观念的教育吧。如果我们面对身边的物质世界感到惶恐,那我们该怎样来教育我们的孩子摆脱和抵御它?

孩子对金钱和财富的认识与理解,除了来自于一些他从大众媒体、社会导向方面得来的零散的信息,最关键的和重要的渠道是家长、亲友的“言传身教”。做家长做父母的,几乎每天都会围绕着财务方面的问题，而我们却缺乏意识和远见，有计划、有目的地教授孩子这方面的知识。好像他们长大也不用亲自去创造财富和管理财富似的。

这就造成了我们的孩子对财富知识的匮乏。

讲到财富，可能我们自己所知也甚少，我们都想赚钱，都对财富充满了渴望，无论我们现在处于什么样的状态，我们都希望打开财富的大门。

那我们把什么当成钥匙了呢？工作？投资？婚姻？遗产？彩票？……

似乎，赚钱的门路很多，我们也可以铸就不同的钥匙，开启不同的大门。

尽管有统计显示中国的富裕人群在迅速蹿升，但与中国数以亿计的农村和城市贫困人口相比，毕竟还是少数。当我们面临着时代的巨变，有时也难免会感到茫然和无措，甚至会有一些无奈的恐惧。

但我们应该明白，作为一个有血有肉的凡人，偶尔的低靡和惶恐都是正常的，可是当低靡长期持续下去，就应该警惕了。倘若成人的情绪低谷来源于财务的压力，就像我们的孩子心情的起落跟成绩单有着直接的关系，那么我们有没有想过，那些亿万富翁，当他们到月末的时候，也同样会为员工的工资、租金等人劳神。没钱的为柴米油盐烦恼、有钱人为大笔金额的账单烦恼，两者烦恼的程度不同，性质和感受却是近似的。

但是，为何我们很少听到那些成功的企业家的抱怨呢？因为他们更务实，他们更勇于排除困难去追求财富，而不是面对困境喋喋不休。

各个层面的人都在被财务的问题所困扰，但各人对于财富的态度却迥然不同。这种态度的不同，也成就了不同的财富、不同的人生。

当我们的国家从计划经济迈进市场经济，当我们和我们的儿女在时代的变革中成长起来，我们对客观的经济环境变化又有多少全面的了解和准确的判断呢？我们在童年阶段对财务的唯一认识是不是仅停留在父母居家过日子的方式上？童年和少年经济环境的单一，导致我们成为青年、迈入中年后，对瞬息万变的世界认识得迟钝和迷惘。

我们是对富裕缺乏经验，还是对财富取得和财富管理更缺乏经验？

社会转型、商业转轨衍生了太多的新概念、新名词、新产品、新行业、新观念……

倘若我们仅靠以前在学校里学到的知识和成长的经验，根本无法应对这样一个复杂社会的时候，我们起码要有意识地去建立孩子们的财富观。即便这样的教育因为我们自己认识的局限仍然是肤浅的，但我们起码要让孩子明白：物竞天择，你要成为财富的拥有者，就必须去拼搏，而不是惶恐和牢骚。

从日常生活起步

如果我们不想自己孩子重复我们的老路，不想让孩子再遭遇突如其来的时代转型之后一些措手不及的观念落伍和财务窘迫，就应该未雨绸缪，及早地让孩子建立起“理财”的概念，进而培养孩子的理财兴趣及良好的习惯。

赵煜堃：在日常生活中，一谈到学习，家长的惯性思维一定会想到孩子身上去，因为我们是把未来的希望寄托在孩子身上的。但是，当夫妻之间讨论生活预算、计划储蓄存款、研究投资规划的时候，我们却将孩子排斥在外。好像他们的任务就是学习，其他什么都不用考虑。其实这是低估了儿童的接受能力和生活智慧。

理财的习惯和能力，完全可以从日常生活的方方面面做起。

比如储蓄意识。我们自己每天在“过日子”，在算计每个月的工资该如何分配，如何使用和能不能存下些钱来，那么做家长的完全可以让自己的孩子也参与其中。这不仅是让他们知道“柴米贵”，更培养了他们的

"当家"意识。

当孩子提出一些他们希望获得的食物、玩具、用品的时候,我们并不一定要立刻满足他的一切要求。我们可以运用一些变换形式的趣味方式,有意识有计划地给他一些零用钱,然后引导他把平时收到的或者赚到的零用钱、压岁钱存到银行里。教导他如何设定一个节省计划,然后让他体验节省的好处,最后用这些钱给他购买任何他想要买的东西。

数学是令很多儿童感觉抽象和枯燥的课程,做父母的每天都不得不逼着孩子做着永无止境的数学演算。但是,当我们把每月的工资收入、生活预算和一些数学的计算巧妙地结合,并激发孩子的"参与意识"的时候,孩子们通常会表现出极大的兴趣。因为在此刻,他不是作为一个学生在被迫进行数学演算,而是作为家庭的一员,在出谋划策、在参与家庭日常事物的管理。这种简单的预算技能能产生一举多得的效果,并令孩子终身受益。

再比如,等孩子大一点,父母完全可以将自己的投资活动和经验经历与孩子分享,而不是在孩子凑过好奇的脑袋想一窥门径时被"去、去、去"的不耐烦所驱赶。人生就是一场投资,财务投资只是其中的一项,为什么要把孩子拒之门外呢?当我们发自内心真正把孩子当作朋友的时候,完全可以在这项投资上对他们"开诚布公"。

我们可以告诉他们,父母为什么要进行财务投资,父母是怎样投资的,投资的风险和乐趣何在,父母是怎样"痛并快乐着"的。在美国的高中生中,学习和实践股票投资就像通过AP(即美国大学预修课程)考试一样普遍,而中国的家长似乎只关心孩子考大学,把孩子这方面的兴趣看作是不务正业。其实,这是一个与你的孩子平等交流的上佳话题。

我们也不要一想到财富,就是股票、基金,就是大笔大笔的资金运作。正确的财富观更体现在日常生活的一些良好习性和社会美德之中。比如节俭,我们不仅在购物时要教导孩子适当节省,比较不同价格和质量的产品,控制购物的欲望而不要浪费,我们也要从节约能源、资源,保护自然生态的角度让他们懂得珍惜环境就是爱护人类自己。

视界越宽广越有机会

我们所讲的"比尔·盖茨"是成功人士的代名词,并不是特指某种行业和某个人物。随着经济格局的变化,职业也越来越细化,无论哪一个行业都有可能产生"比尔·盖茨",我们也应该注意到,无论孩子将来朝哪方面发展,财富这课是必不可少的。

无论是在中国还是在美国,传统观念中的"坏孩子"中都曾会出现过一些杰出的商界人物,比如世界首富比尔·盖茨。但这并不等于辍学去闯荡赚钱的机会就多,这只是个别的现象,而且我们要注意到学历并不等同于知识。

比尔·盖茨之所以能创下自己的一番事业,富可敌国,是因为他的思维、他的胸怀和他的创造力,而不是他的离经叛道更不是他的毅然辍学。他的基础并不差、起点并不低,他是从哈佛大学弃学创业的。虽然不在学校里继续读书,但他从未放弃过学习和思考,更从未停止过发现和创造。

我们不要担心孩子花费时间在一些无关于"成绩"的方面,我们首先要能够自己说服自己明白一个道理,就是学习是为了更自由、更优越的生活。单纯来自学校的学科教育已经无法涵盖和应对信息爆炸和社会的剧烈变迁。其实对现在的孩子而言,他们的视界越宽,理解能力和洞察能力就越强,越见多识广,就越具有创造力和应变力。

孩子就像水里的鱼,我们提供的是小溪、是河水,还是大海,这将影响孩子的发展高度。我们想积极地引领孩子朝一个正确的方向努力,那么我们就要有意识地去培养他们具备洞察世界的眼光, 具有更加宽广的胸怀。对于财富观,我们也需要正视这个问题,在孩子小的时候就培养他对财富的全面认识,我们不是培养一个守财奴式的孩子,甚至不仅是要培养出一位有专业技能,能创造财富的商业精英,还能够培养出一个具有积极价值观的社会栋梁。

前不久,微软创办人比尔·盖茨接受英国BBC电视台采访时表示,将把自己580亿美元财产全数捐给他创办的慈善基金比尔及梅琳达盖茨基金会,不会留给自己的子女一分钱。盖茨希望自己的决定对世界有“正面的贡献”,他说:“我们决定不会把财产分给我们的子女。我们希望以最能够产生正面影响的方法回馈社会。”

对盖茨和梅琳达而言,减少全球医疗和教育的不平等已经成为人生目标。通过基金会,他们把财富和精力的相当部分都献给了世界上的穷人。这是世界首富的财富观,体现了一个首富的胸怀,也许,正是有这样的胸怀,盖茨才成就了兴趣效益、经济效益和社会效益的融合伟业。

我们没有盖茨的财富,但我们的表现也并不逊色。

面对2008年5月发生在四川汶川的大地震,很多孩子毫不犹豫地捐出了自己的零用钱。不仅那些“大款”父母全力支持孩子的行动,很多生活并不富裕的家长,也积极鼓励孩子捐款捐物。这就是成功的财富教育,最令人感奋的财富观教育。因为我们不仅要教会孩子认识到“金钱”的重要性,也要通过这样的社会慈善活动,告诉他们,这也是“金钱”的一项很重要的用途,就像比尔·盖茨那样。慈善在西方,不只是一个财务问题,也是体现道德良心、社会责任的问题。假如我们的子女在创造和追求财富的同时,也将向社会无偿奉献自己的时间和努力当作是一种义务、一种习惯,那我们的社会也将变得更加友善和充满希望。

22.花钱和赚钱

孩子的开销

在当代的中国，我们一直引以为骄傲的“义务教育”仍然在实施着，但与几十年前不同的是，很多“义务”不再由国家和集体来负担而由亿万中国家长“主动”担当了起来。中国人望子成龙的传统令很多做父母的，在孩子3、4岁的时候就开始发愁了：那种既想让孩子受到不比任何同龄孩子都差的教育，又为昂贵的“赞助费”、“培训费”感觉财力上捉襟见肘的窘境而心有不甘的尴尬。在中国的许多城市，不仅仅是小学生进入好的中学和中学生上“名牌高中”需要家长使出全身解数、动用所有的关系、掏空数年的积蓄，就连孩子上一些“名牌”幼儿园，也需要付出几万甚至十几万的“赞助费”。

与其说是教育产业化，还不如说是教育正被中国人自己“商业化”来得贴切。一个孩子入学，哪怕只是进幼儿园，除了学区、地段，要看人情、关系；除了成绩（三岁孩子进幼儿园又有多少成绩值得作为录取条件和参照的），更重要和起决定性作用的关键是钱。一个城市的孩子，从幼儿园进入小学接受基本的教育，做父母的可能就已经付出几万、十几万的金钱。这对于事业有成的企业家、商人或握有权柄、敛财有道的官员可能不算什么，但对于一个普通家庭、对于靠基本工资收入维持生计的工薪阶层而言，则是一种艰难。

然而，这种“艰难”不可能在近期得到明显的改变，就像在目前这种状况下，上好的幼儿园、好的小学、中学不可能不再需要缴纳昂贵的赞助一样。但是，工薪阶层却是中国的大多数，当代普通家庭的父母不仅要为子女教育的入学付出了昂贵的代价，还要承担整个社会互相攀比的高消费支出。在这种情势下，父母和孩子共同养成良好的节约和理财习惯显得尤为重要。很多父母可能从来都没有仔细计算过孩子的日常开销。若精确统计一下，也非常惊人：

以零食为例，绝大多数孩子都喜欢吃零食，嘴巴一天都不会闲着的孩子很多。这方面的消费，几乎每天都在10元以上。一瓶饮料3~4元，一袋薯片2~3元，一份零食3~5元，一根烤肠3元……一个月下来，仅是零食消费的基数就是三、五百元。

再比如一日三餐，无论是洋快餐，还是中式快餐，一顿饭至少20元，若加上周末去餐馆用餐、旅游就餐，一个月又是几百元。

还有时尚文具：各式各样的笔、橡皮、笔袋，各种作业本、新颖的文具都在增加开销。现在的学生，常常把文具当作一种时尚用品，并不仅是因为需要，而是明明有一大堆文具没用完，但出现了款式好看的橡皮、笔袋等都要购买。

学生的大宗消费还包括MP3、数码相机、手机和手机月消费费用、电脑及电脑游戏软件等，动辄数百元甚至上千元。

小学生、中学生的无计划消费、高消费现象在中国各个城市普遍存在，孩子们花钱大手大脚、盲目攀比，消费呈奢侈化趋势。他们往往不清楚自己每个月或每年的开销到底有多少，更不会记录自己的支出，只知道向父母伸手要钱。很多孩子表示：口袋里的钱怎么也控制不住，有钱就想花。

很多家长都抱怨养不起孩子，如此的养，的确不易。孩子的学杂费，基本生活费用，再加上用在奢侈和时尚方面的消费，已经让收入中等以下的家庭难堪重负。也正是因为负担重，才更需要建立规划理财的观念，把钱用在最需要花的地方，就像好钢用在刀刃上。

赚多少钱才能应付大堆的账单

时下的中国，越来越多的年轻人接受了新的消费观念，特别是通过按揭、贷款的形式买房买车。这可能恰恰是在走西方社会的某些老路。在缺乏稳定事业、工作基础的情况下提前消费、预支甚至是透支消费，若缺乏理智的规划能力，很容易沦为新时代的“房奴”、“车奴”，导致财务崩溃。

美国的年轻人，通常在自我感觉获得了成功后，开始买房、买车，并且生育子女。过度的消费和生活负担的加重，使得他们的薪水虽然上涨了，但还是难以应付各种开销，财务反而出现了更严重的问题。令许多年轻人困顿的原因在于，若仅是在工作上(赚钱方面)下工夫，而不懂得花钱的节制性、没有全面的财务统筹和计划，陷入财务的黑洞里是必然的。

我们想给孩子一个美好而有保障的未来，必须弥补财务知识的不足，物质上的贫穷并不可怕，真正的贫困是观念的贫穷；如果是理财意识上的欠缺，即使暂时拥有亿万家财，也可能因不会加以妥善管理，很容易成为镜花水月，过眼云烟。

教一个小孩学会理财，可以从他自己的吃穿用上着手，帮他分析，什么东西我们该买，什么东西我不该买，并帮助他建立支出账簿，做到每一笔开销，都有明细。另外，我们可以试着每个月让孩子当几天家，让他早早地就知道过日子是很“伤脑筋”的事情。什么煤气费、水费、电费；柴米油盐，样样都需要计划。长此下去，孩子的笔袋里可能就不会有过剩的花花绿绿的橡皮和圆珠笔，也不会一天就把妈妈给的一周的零用钱都花光，然后不知道怎么向家长交代。量入而出的概念，在什么时代

都很实用。以下几方面花钱的要点,可以作借鉴之用。

一、在消费之前制订切合家庭总收入的消费计划。

计划不能确保我们富有,但是它却可以避免我们过度消耗财物,并且免于陷入债务的泥潭之中。

二、严格执行计划。

大多数的人很容易明白计划的必要性,但却很少有人执行它。只有25%的美国家庭按照计划开支生活。50%的人说想要有一个计划,但却从未真正制订和执行。

三、分级别支出。

在一个清单上列出我们最需要的东西。从必需品开始(如房屋按揭费、食物、孩子的学费、车费),然后列出我们“应该奢侈”一下的东西(如衣服、外出游玩等)。

四、及时去付账单。

建立计划可以让我们及时完整地支付账单。如果我们不能一次性支付,可以采用分次支付的办法。如果我们不能规律性地支付账单,那么我们就应该去住小一点的房子,开一辆小排量的汽车(或者把车卖掉),大幅消减生活开支直到收支平衡,甚至是略有盈余。

五、尽可能快地还清债务。

债务会带来沉重的负担。不要使自己成为长久的“房奴”、“车奴”。不要随便贷款,除非我们有绝对的自信偿还。

六、为突发事件预留开支。

有突发事件可能会打乱我们的预算,除非我们每月也为这些突发事件预留了开支,比如孩子生病、参加婚礼等。

七、别忘了与孩子一起建立、执行、监督和评定家庭的支出计划。

当一个孩子的角色由被供养者转为主动者,孩子的理财能力会在实际的生活中得到长足的锻炼。

资产和负债

前几年流行一位中国老太太和美国老太太买房子的故事：

中国老太太攒了一辈子的钱，终于够买房子的了，而美国老太太说："我终于还清了房子的贷款。"

这旨在褒扬美国人的消费观念。随之，中国也开始风行贷款消费。很多人都贷款买车、买房，认为这些都是固定资产，殊不知，这些固定资产从根本上来讲，在没有还清贷款前就是负债。

这次美国金融危机，致使几百万美国人无家可归，房产被拍卖，只能在街上流浪，想必美国的这次风暴破灭了无数美国公民期望在自己老年的时候还清贷款的梦。

把负债当成资产，在时下的中国成为普遍现象，看一看今天的美国，是否是我们的前车之鉴呢？

资产与负债我们自己认为很容易分得清楚，就像黑与白一样，但当一些简单的认识、词汇、概念融入到生活里的时候，就会把我们搞得眼花缭乱。

一个不识乐谱的人，当一架钢琴摆在那里，分得清黑白键很平常，可是让他弹奏出沁人心脾的曲子，是不可能做到的。这就是资产和负债一个道理，每个人都觉得明白，可真正运转起来，其中的奥妙又有多少人能参透。

不懂得乐谱，没有深厚的乐理知识，无法成为钢琴家，就连简单地弹一曲也做不到；不懂财务知识，没有经过这方面的教育，无法成为理财高手，拥有安全而富足的生活就显得艰难。

跟风消费造成财务困境

一位成年女性，如果身边的女朋友们都穿上千元的衣服，都戴名牌手表，她很可能会觉得自己也需要这些，于是产生了攀比的虚荣心和购买欲望，如果无法实现这种愿望，心里就会感到痛苦无比。

一位成年男性，若看到昔日的同学都买新房、买新车，也会把自身情况和经济条件放在次要的位置，贷款买车买房，造成财务上的压力。

一位小朋友，只是因为同桌生日的时候收到了价格不菲的书包，可能也会向自己的家长索取。

……

以上种种购买欲望和消费心理虽然不是普遍现象，但却反映了改革开放以来，中国经济迅速发展对我们观念产生的影响和震荡。

如果我们能安静下来，摒弃浮华与虚荣，素雅转身，一些我们在现实生活中面临的财务问题可能就会迎刃而解，同时也为孩子树立了正确的理财观。

攀比和斗富，虽然能让人产生强烈的赚钱欲望，但是如果掌握不好尺度，给自身和孩子带来的不良影响难以估计。

社会风气可以影响个体的生命，但是个体生命的力量也不可小觑，如果我们每一个人都能具备正确的财富观、消费观，而不是跟风，那么如晨风般清新的品格会影响和改变我们的家人、我们的孩子、我们的同事，乃至整个国家。

掌握自己的命运比交给他人安全

大多数学生从没学过关于金融或投资的学科，更不用说了解那些看似简单而又复杂的经济账了。一个人若没有储备足够的财务知识,不了解资金的运转模式就一脚踏入了社会，很可能会遭遇坎坷，走些弯路。

作为家长,如果自己不努力学习,冷静思考,准确判断,是无法在经济事务方面教育孩子的。为了孩子的未来,也为了家庭的幸福安宁,家长很有必要早点启发孩子的“财商”。在现代社会,有太多的人因为从未学过财务知识而在经济的泥潭里摔过跤甚至越陷越深，一少部分人以前在学校里学过,却又未能学以致用,学过了就放下了,也没有重视,更不知道该如何把它运用于现实的工作和生活中。

不仅仅如此,如果我们教育子女的目光短浅,也会造成孩子未来进入社会后的跌跌撞撞。道理很简单,因为世界在变,社会在变,教育也在改革,但改革的速度很难跟上社会变化的速度。我们应该认识到依靠几处房产、几张存折、几份养老保险度过余生还是相当危险的,一些个人不可抗力可以使这些全都变得一文不值。

赵煜堃:如果我们想让孩子得到一个终生有保障的未来,绝对不是在保险公司给孩子买保险那么简单。我们若不能对整个社会及其发展的大致走势有清晰的认识和判断,对一些社会“游戏规则”的变化有所思考和行动,十年、二十年以后的经济形势和社会格局若发生结构性的调整和变化,即便我们已经重视了财务问题,仍然有可能陷入困境。

人无远虑,必有近忧。

为什么这样说呢?

因为这是现实所呈现出的某些“惨烈”给予我们的警示。

2007 年登上中国出版畅销排行榜的书,除了《百家讲坛》的于丹等人高居榜首，还有一本叫作《求医不如求己》的书，作者自称“中里巴人”，号称此书为“改变中国人健康生态之第一方案”。试想，若不是中国的某些医疗(药)改革，改得人都生病生怕了、都生不起病买不起药了，这样一本书能风靡全中国么？目前昂贵的医疗医药费用逼得中国老百姓都转而“求己”，试图通过养生和自我保健，达到不生病少就医的目的了。

2007年，还有一本畅销书，是金融类的，叫《货币战争》。策划编著此书的初衷是希望借演译制造畅销，最终引起决策当局加强和重视中国的金融安全和金融风险问题。也算是我们这些海外游子的报国情怀吧。为此书作序的时候，恰好是中国加入世贸满五年，中国金融全面对外资开放，于是写下《中国航母能否经受“金融战”》的序言。此书的确引起了中国政府高层的注意。但出乎我意料的是“金融战”一词竟成了中国的流行语，07年下半年全中国，除了股市大热，宋鸿兵的《货币战争》一书也大卖。一时间满城尽说金融战。

为什么这本提醒政府对游资、热钱，对冲基金、私募基金，对眼花缭乱的各种金融衍生工具以及它们可能制造和操纵的远程金融打击加强认识和防范的书，除了政府重视，老百姓也会感兴趣呢？因为老百姓关心金融，关心股市，关心基金和黄金，说白了，就是关心自己的资产和财富。但是，2008年6月间的股市动荡，又让多少在股市沉浮的百姓万念俱灰呢？不要以为这只是自己的运气不好，或者炒股知识不够专业。不，关键是游戏规则。当中国从生产资料的“批文”过渡到国家重大建设项目的“合同”，进而变成各类权贵在金融领域的长袖善舞，中国的财富也在悄然洗牌。普通百姓辛辛苦苦积攒下来的一点储蓄，一次次经历“血与火”的洗礼。

难道不是么？医疗、金融、教育，包括房地产。老百姓不是不努力，不是不进取，不是一点财富也没有积聚起来。但是，在各种观念和思潮的推动下，沧海也可以成为桑田，存折也可以变成废纸，股票也可以化“整”为“零”。

这也告诫我们，除了要和孩子一起学习小的、个人的、微观的“财务智商”，还要有宏观的视野和洞察，要看清社会变幻的规律，特别应该牢记：掌握自己的命运比把它交给别人更加安全。

缩在壳里更危险

蜗虫给了自己一个壳，即使有这样的壳又怎样，它可以防御同类的侵袭，可面对比它强大的力量，它的躯壳一踩就碎。

作为有思想、有感情的人类，一直在寻求安全感，可是当我们脱离了母亲的子宫以后，似乎就再也找不到一个真正温暖、安全的地方。

我们在这种迷茫中煎熬，又期望自己的孩子将来不要重蹈覆辙，所以我们想尽办法为孩子设置人生，当然这个人生计划的初衷是好的，哪个父母不希望自己的孩子一生幸福呢？

假定所有父母的教育计划都成功，那么这个世界会变得越来越美好，可我们看到的世界不是，人性有伟大的一面，也有卑微的一面，我们看到的更多的是后者。这也就是说，我们的教育在某些方面非常令人失望，这种失误祸及的不是一二代人，而是几代人。

在今天的社会，每个孩子都需要得到宽广的教育，与过去不同的教育，他们需要知道现实生活中的格局和规则。权贵有自己的规则，百姓大多数遵守规则，只有积极计划和制定规则的人，才有可能抓住某个机会变成中产阶级或者获得财富。

每个人都有规则，不过这规则是墨守成规的，是从学校里学来的，学校教授的学科知识是有益的，而其他的规矩不但没什么益处，反而阻障孩子的发展。孩子今天需复合的教育，现在的教育体系并不能供给孩子足够的养分。当然，绝大部分父母送孩子去学校学习，并叮嘱他们好好学习，长大后才能找到工作，只是出于传统习惯这么说。

如果我们是一个清扫工或者无业，只要我们有进取心，有不服输不认命的精神，我们仍有自我教育和教育孩子的能力。作为一个成年人，尤其是为人父、为人母的成年人，没有什么比财务更重要的了，成年人所担负的责任较多，这些责任必须通过金钱的形式去体现，那么懂得资产与负债就是重中之重。

经济头脑其实是在我们日常生活中解决经济问题锻炼出来的，实践出真知。

今天我们面临着经济全球化和新产业的变革，它如同人类从前曾经面临过的常规战争一样可怕和艰巨。

没有人可以预测未来，但颠覆我们现在生活的变化就在前方，无论发生什么，我们至少要做到两点，让自己和家庭有保障，通过复合性的教育让我们的孩子们懂得财务知识，这绝对比给他存款和买保险重要。

中国有一个很经典的民间故事：

一对夫妇老年得子，非常娇惯这个孩子，有一天夫妇俩要出远门，就烙了一张饼挂在儿子的脖子上，并叮嘱道："儿啊，你饿了就吃这张饼。爹、娘十天八天就回来了。"儿子点头，可当这对老夫妻回来的时候，儿子已经饿死了。娘扑在儿子的尸体上大哭："儿啊，都怪娘少说了一句话。娘应该告诉你，前面的饼吃完了，要转一下才能吃到后面的。"

今天的父母给孩子存钱，让孩子受教育，其实都是像那对痴心的老夫妻一样，是给孩子烙了一张饼，可是如果我们不告诉孩子吃饼的规则，孩子早晚一天也得饿死。如果我们在育子上多一些智慧，教孩子自己和面、烙饼不是更好吗？

对钱的无知导致了如此之多的恐惧和贪念，开发和利用钱的力量，学会用理智控制我们的感情，而不是让我们的感觉牵掣思想显得尤为重要。

富人之所以越来越富，穷人之所以越来越穷，其原因不仅是富人有社会地位，有人脉关系，还在于他们对世界的看法，对经济的看法，这些主观意识的形成是在学校里学不到的，基本都来源于家庭。

有钱的父母无形中给孩子灌输了有钱人深谙的法则，而没钱的父母无意地将贫穷的想法和行为方式教给了孩子。所以，大多数家境贫寒的父母，把孩子的未来完全寄托给了学校教育。如果真的想让孩子改变命运，首先要改变的是自己的命运。

认识到一个正确的观念对一生有着巨大影响，选择不同，命运也是不同的。

如何驾驭金钱

钱是什么？是购买权力，也是投资权力。购买消费品就是把权力转移给了他人，用于投资则是试图扩大权力。所以，是花掉它还是投资会带来完全不同的两种结果。

西方国家普遍认同的一种观点是：花掉的钱才是自己的。这种说法当然没错。问题是持这种观点的人(以美国为例)，往往负债率极高，为此破产的也不在少数。

还有一种普遍的观点是钱不是万能的，没有钱是万万不能的。这是一种理性务实的观点。幸福的生活需要金钱才能保障，安稳的人生旅途也需要金钱护航。问题是幸福并不代表着一定要毫无节制地大把花钱。

钱本身并没有意义，有意义的是他所代表着的物质或者是商品，也就是资源。资源是需要合理利用的。

巴菲特和比尔·盖茨一样，都是世界首富级的人物，他整天和钱打交道，拥有数百亿美金的个人财富，但他并不是要穷奢极欲地花掉它们,反倒是把它们交给比尔·盖茨去运作,去做慈善,而个人生活却保持着简约和质朴。钱为什么会和这俩人结缘?因为他们都对创造价值和挣钱充满兴趣,视赚钱为快乐和使命。但他们对钱都有着理性客观的认识,支配它们而不浪费它,当财富积累到了一定程度,应该回馈社会。

这两位世界上屈指可数的富人对钱的慨然态度是因为他们有了钱才拥有这样的态度呢?还是因为他们先有这种胸怀才会拥有这么多的财富?钱如果有思想的话,他不会把自己交给不能承担责任的人,正如一个投资者不会把钱交给一个不能使资本增值的人一样。钱会青睐那些对钱有责任感的人,有着成熟的财富观的人,不会爱那些只知道斗富奢侈的人。

很多挥金如土的富人是因为有挥金如土的"豪放"性格才成为富人呢?还是富了以后才挥金如土呢?这可能是后者,因为他们压抑了太久的消费欲终于得以释放,所以要炫富,要挥霍。同样,他们的财富最终也如东流水一去不回。或者败在自己手上,或者败在后人的手上,所以才会有富不过三代的说法。

努力地赚钱,负责任地花钱。当有钱的时候不是想着如何花掉它,而是想着如何让它不断地增值。当自己变身成为富翁的时候,能够达济天下,把钱更多地用于对社会有益的方面,这才是走出"穷三年,富三年"的宿命的有效办法,也是教育子女如何花钱、赚钱的真谛所在。

23.性的罪恶

幼儿的色情感

性是人类一种最原始的需求,由生殖系统引起的反应。或许可以解释为男女性爱最原始的其实就是性快感和生育的要求。可人类越文明,越容易把简单的事情复杂化。人类习惯于用爱情把性装扮起来,渐渐的,人类在受文明和开化甚至是制度、集权、嫉妒等诸多因素的熏染之后,逐渐把爱和性混在一起了,性也自然从纯生理的表现上升到心理需求。

弗洛伊德认为人类在幼儿时期就已经有了色情感,他的这一学说即使在当今社会,可能也很难被大众接受。人们往往不愿意相信"不雅"的事实,甚至忘了人同时具备原始的动物性。无论是社会教育还是家庭教育,都致力于把人类社会化、同一化、高尚化,但是高级动物与低级运动在机体上的某些相似之处又是个不争的事实。这就造成了矛盾,这个世界上总是有许多矛盾,而究其本源,几乎都是由于掩饰和逃避造成的。对待"性",当今的中国人还是比较含蓄的,尤其是"性"教育的问题,似乎总是难以启齿,而家长们一旦发现孩子对性感兴趣,就仿佛天塌下来了一样。

一位三岁女孩的妈妈,发现女儿摸自己的生殖器。于是这位妈妈崩溃了,冲着女儿大吼大叫。把小女孩吓坏了,哇哇大哭。然后,妈妈也神经质地号啕大哭,认为自己的女儿这么小就学"坏"了。

小女孩的这种行为不过是一种无意识的性表现，但是一经妈妈啼哭，强化了这件事，就由原来的无意识转化成了有意识，妈妈垂丧的表现，让小女孩认为这是件可耻的、见不得人的丑事，继而开始压抑自己正常的动物性行为，长此下去，小女孩的心理得不到疏导，很可能在长大后对性存在畸形的认识。

童年是天真无暇的，其实那种无意识的动物性，也是童真的一种表现，可却让大人难以接受，我们何不以宽容的心去对待呢？

我们成人的教育态度，往往会对孩子成长的健康程度产生重大影响。我们要弄清楚的是，“人”最基本的是健康，当然这个健康包括生理的健康和心理的健康，尤其是心理方面，一个人心理不健康比生理不健康更可怕，许多罪错都是心理不健康所导致的，平凡的人生是由平凡的心理导致的，可见内在的心理活动与一个人是否成功有着直接的关系。

性躁动与性渴望

顾长卫的电影《孔雀》讲的是平凡人成长的故事，一个家庭里有三个孩子，哥哥是个智商较低的胖子，在下雨天去给弟弟送伞，途经学校的女厕所，不禁往里窥了几眼，其实什么都没看到，却被一个女生大呼小叫喊：“耍流氓”，然后被全校师生痛揍了一顿；姐姐清瘦而美丽，为了要回自己攒钱买的降落伞，居然在小树林里当着那个男的面脱下了自己的裤子；老三常穿一件海军衫，是一个帅气的少年，因为画了一张裸体画，被父亲骂作流氓而辍学，后又因此离家出走。片中有这样一个情节，姐姐和弟弟在书店门口，姐姐给弟弟二毛四分钱，让他进去买一本书名是五个字的书，当营业员把《性知识手册》放到柜台上的时候，弟弟心慌意乱，连钱都没等得及找，就像罪犯似的拿着书跑了出去……

整部电影没有什么轰轰烈烈的大事，却通过琐碎的生活反映了成长的残酷——青少年时期对性的渴望与躁动会直接影响人的一生。

影片中保守的父亲是一个具有那个时代特征的“典型符号”。在那个年代,中国的家庭对子女的基本上都采取保守教育,保守教育并不比激进教育稳妥,尤其体现在性教育方面。一味回避性的保守教育,就像没有地下疏通管路的建筑群,在晴朗的“童年”似乎还没事儿,但到了多雨的“青少年”发育期,很容易引发大的“水患”。我们都知道,西方国家会给中学生发避孕套,如果在我们中国的学校,那简直是冒天下之大不韪。对于一个进入青春期的孩子,是让他在性压抑、性苦闷中度过,还是让他可以适度、安全地解决生理问题,直到今天,也没有被教育工作者拿到桌面上谈。

爱与性要分开

一部分先锋教育专家提出,孩子是可以被允许早恋的。其实早恋也可以称为早练,也就是练习练习,只有在他的青春期有过早恋的经历,长大后他才可以把握好男女间的情感。

可早恋的尺度是什么?可不可以有性的活动?

是否有必要告诉孩子恋爱与性,与人的性冲动的区别,这是一个很严峻的又切实关系到孩子成长的话题。别说孩子,就是成年人,也少有知道爱、性,与生理冲动的既是独立的概念又相互关联、相互影响。

当然,太多的女性会拒绝这样的观点,什么爱与性要分开,女人都是因为爱而性的,男人才会因为性而爱。

歌德说过:“哪个少女不怀春,哪个少男不钟情。”

实际上,健康的女人绝对不会没有性冲动,而堂而皇之的矢口否认,是千百年来教育的结果。因为女孩子,尤其是中国的女孩子,从小到大都被父母教育,如果在未婚前与哪个男人上了床,就是被人占了便宜,就是极大的耻辱。这种教育一代一代沿袭下来,影响了她们在性方面的观念。

一般的家庭教育工作,主要都是母亲负责,一个从小就在保守文化下熏染的母亲,会高瞻远瞩地去教育自己的孩子吗?恐怕没几个人有这样的“胆略”。

我们成人如果不能更新自己的观念,那么孩子很可能重蹈覆辙。或者有的母亲会反驳,性教育与孩子的成长没有太大的关系,学习才是最重要的,不要本末倒置。

我们成人都不需要性吗?我们成人都视工作为最重要的吗?我们为何要组建家庭,为何这个社会又有许多婚外情出现?这一切问题都能因为避讳而自然消解么?

想一想,我们有多少话言不由衷?想一想我们怎样从青涩到成熟?

我们都有过情窦初开,都有过暗恋、手淫,可是我们敢在孩子的面前承认并且交谈关于生理成长而带来的冲动和困惑吗?无论是徐志摩还是郁达夫、无论是毕加索还是爱因斯坦,在青春期的遗精次数一定不比普通的男孩少,但我们有勇气诚实而坦率地和自己交流彼此的看法么?

如果回答是否定的,那么我们是否也可以再一次检视一下我们观念中可能的缺失或闪烁呢?

性盲更容易犯罪

男孩子和女孩子,到了十一、二岁,沉睡的性已经渐渐觉醒,那种纯自然的生理反应只要是一个正常的人就会有,没有反而不正常了。可为人父母的偏偏想要以爱的名义把孩子往非健康化的方向推,把性教育弄得朦朦胧胧、遮遮掩掩。仿佛我们都是圣人,不需要食人间烟火。

13 岁的小清认为爸爸、妈妈间没有爱，有的只是一种亲情，有的只是父亲和母亲对孩子的爱。这种认识当然是父母长期灌输的结果。小清的父母听到孩子如是说，一定非常欣慰，多年的教育终于没有白费，女儿是如此地知道感恩。殊不知，做父母的蒙蔽了夫妻之间真实的关系，也就是剥夺了孩子正确认识家庭关系的权利。当这个小女孩逐渐长大，长成一个小妇人，亲身实践后才知道家庭的奥秘，那么她所有的性知识、感情知识、家庭知识都是通过自我摸索才能获得的。

如果一个孩子孤独地走夜路，一定会有大批的人站出来骂监护人不人道，没有爱心。

那么，让孩子自己偷偷摸摸地去探索性知识，比他自己走夜路还残忍，比走夜路还危险，为何却没有人指责呢？

把一生的成败只寄托在学习上只是一个美丽的梦，回归到现实，对孩子的教育错综复杂，任何一方面出了差错，都有可能毁了孩子。太多的家长抱着输不起的心态，拼命地以自己认为爱的方式呵护孩子，如果我们真的爱一个幼小的生命，就不应该让他面对性知识惶惑无措，继而将无知、盲目的性冲动演变成本该避免的罪错。

20 世纪 80 年代中期，在一个偏远的小镇的初中，发生过一起令人发指的案件。

一位初三的女生去厕所，被一名罪犯用铁棒捅坏了子宫，造成终生不育。作为小镇唯一的初中，几乎每年都会发生几起类似的案件，使得有些女生的家长不敢把学生送到学校读书，宁可让她们辍学，仅是为了保障孩子的安全。

那个作案的罪犯却只有十六岁，他如此的暴虐完全出于他对性的无知和渴望。这是他的错，更有教育不可推卸的责任。对性的无知毁了无辜的女生，也毁了罪犯自己。

事情过去二十多年了，在 21 世纪的今天，少年对性的认识并没有太大的改善，由于性而罪的案例仍然屡见不鲜。

2007年，贵阳六中两名高三男生为了争夺比自己年长二十七岁的班主任，一名男生杀死了另一名男生，杀人者亦被判刑，老师被学校开除。两名情窦初开的少年为什么对一个成熟的女性恋恋不舍，其根本原因就是这名老师无条件地提供了性，让两个孩子在性方面得到了满足，继而对老师产生了情感依赖，这种情感依赖绝对不是爱情。如果让孩子尽早分清楚爱与性，这场悲剧根本不会发生。

当今社会，诸多产业动辄就提人性化，而教育反而是高唱“产业化”的赞歌，远离了“人性化”，而教育实际上恰恰是最该体现人文精神和人文关怀的，性教育亦然。

有多少人因为年少时对性的无知和幻想彻底粉碎了自己和他人美好的未来，产生畸形的人生观是不可估计的。

美国影片《洛丽塔》(汉译《一树梨花压海棠》)里的小女孩先是与自己的继父有染，接着被一名上了年纪的作家诱拐，后又辗转嫁人。当继父再见到她的时候，她挺着大肚子，问他可不可以帮她，给她一些钱……这位继父为了她，去杀死了诱拐她的作家。

这样的例子不胜枚举，性的罪恶似乎罄竹难书，其实仔细推敲，不是“性”有罪，而是对“性”的无知，是少年身体上的性萌动得不到正常的疏导和排解，而引发一系列的罪恶。

这个世界上的爱情，为何是混杂了性欲的，而不是纯粹的柏拉图。

其实，性本来是一件简单而光明的事情，它的本身是无罪的，是人们对性的曲解导致了罪恶。

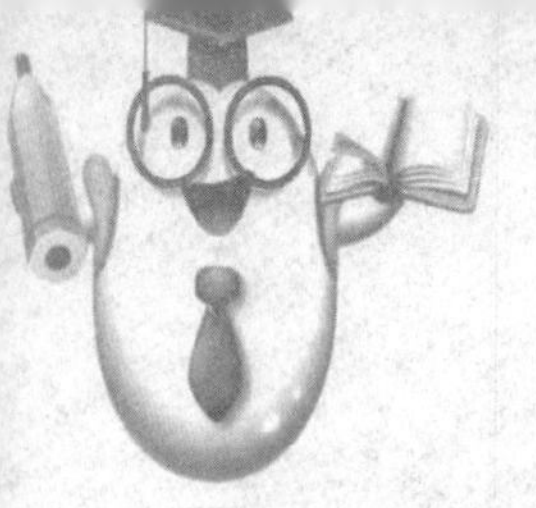

把性透明化

过去很多的中国家长，在孩子的面前，是不敢正视“性”这一话题的，简直可以说是谈“性”色变。当家长发现孩子的身体开始发育，因为生理的变化而引起一系列的心理变化时，不是倾听和引导，而是压制、威慑，好像一个对生理发育感到好奇的小孩就是坏小孩。

由此男孩子面对第一次遗精，女孩子面临月经初潮，少男、少女的性冲动，朦胧的性意识，都变成了一种可耻的，不能说出口的秘密。

大部分的家长都会极力反对孩子的性行为，期望自己的孩子晚熟，最好是到了十八岁还对男女之事一无所知，这可能吗？为什么我们在性教育方面总是犯幼稚病，总是鸵鸟般将自己思考的头颅埋进沙土里去呢。我们担心孩子因性而学坏、走向歧途，但是我们就愿意自己青少年时代对性的焦躁与不安继续折磨我们的儿女么？

问题是，我们不让孩子性，孩子就不性了吗？没有大人正确的指导，性才会变得危险。而教育拼命压制孩子正常的欲望，并不人道的，甚至可以说不近人性。

郁达夫的行文大胆、豪放，他那种自述式的，豪无遮掩的散文，完全反映了真实的内心世界。他在《水样的春愁》里直白地描写了十三四岁少年朦胧的情愫——

推门进去，我只见她一个人拖着了一条长长的辫子，坐在大厅里的桌子边上洋灯底下练习写字。听见了我的脚步声，她头也不朝我转来，只慢声地问了一声：“是谁？”我故意屏着声，提着脚，轻轻地走到了她的背后，一使劲一口就把她面前的那盏洋灯吹灭了。月光如潮水似地浸满了这一座朝南的大厅，她于是一声高叫之后，马上就把头转了过来。我在月光里看见了她那张大理石似的嫩脸和黑水晶似的眼睛，觉得怎么

也熬忍不住了,顺势就伸出了两只手去,捏住了她的手臂。两人的中间,她也不发一语,我也并无一言。她只是扭转了身坐着,我是向她立着的。她只微笑着看看我看看月亮,我也只微笑着看看她看看中庭的空处,虽然此处的动作,轻薄的邪念,明显的表示,一点也没有,但不晓得怎样一股满足、深沉、陶醉的感觉,竟同四周的月光一样,包满了我的全身。

郭沫若自己的童年时代,就曾在爬杆的过程中初尝了快感,因此他能在《郁达夫》一书中这样总结:“他那大胆的自我暴露,对于深藏在千年万年的背甲里的士大夫的虚伪,完全是一种暴风雨式的闪击,把一些假道学、假才子们要惊得至于狂怒了。为什么?就因为这样露骨的直率,使他们感受着作假的困难。”

为人父母的,在孩子面前,爸爸愿意扮作士大夫,妈妈扮作圣女,试图在这种简单的,剔除和掩饰掉性的环境里,让孩子“不性”。

当人类受了几千年文明的熏染,已经区别于动物的原始欲望。只有心理和生理的双重需求,才是快乐。而且既然作为人,就要符合现代社会的道德范畴。人的成长是分为阶段的,青春年少时轰轰烈烈的爱,归根结底是性;可当真正成熟起来,才可以理性地爱和性。也只有这时候,才能控制好动物般的性欲,更表现得像人类。

我们面对的是一个五彩缤纷的世界,时代的冲击使得文明和秩序、伦理和习俗的变化,直接导致社会的观念和娱乐的尺度在开放,我们面临沦陷。而抵抗沦陷的最有效办法不是躲闪,而是积极地看待和对待,在教育方面把“性”透明化,不要再让“性”困扰我们的下一代。

24.性萌动与性焦虑

宽容对待孩子的性萌动

天性对于个体生命的人格形成有着相当重要的作用。表现在性方面就是:天性对性的敏感程度,往往导致了一个人对性的初始态度。生性对性敏感的人,性萌动发生得较早,在童年阶段就有强烈的感觉,而对性迟钝的人,则基本上不用为性烦恼。

同是13岁的女孩,小清对生理知识非常感兴趣,而雪纯听过学校里组织的青春期教育后,产生了种种疑惑,因为心理专家所讲授的反抗、冲动,她都没有,她出奇的平静,学习成绩优秀,在父母眼里是个乖乖女,但毕竟这样的孩子是少数。

性敏感的孩子,五六岁就会出现性萌动,对自己的生殖器感兴趣,甚至出现抚摸的现象。如果做家长的发现了,一定要以平和的心态对待,性敏感的孩子并不等于坏孩子,只是天生的身体结构和心性注定了他性意识出现得相对早。做家长的,只要回想一下我们自己青春期的萌动和懵懂,就完全可以理解现代饮食结构下发育期越来越提前的孩子了。

但是,对待性萌动的孩子,家长不应该采取单纯压制和训斥的态度。儿童好奇的天性容易使得我们越是管教和斥责,越是强化了他这方面的感受。我们都知道越是以某种形式压制,就越能挑起反抗意识,而且长期的压制，就像积蓄了一座活火山，随时有爆发的可能。这和不少女性都有依靠控制饮食减肥的经历有些类似，强制节食的结果只有两种，一种是经过一段时间的节食后，终于再也无法忍受饥饿，开始暴饮暴食，减下来的那点体重，很快就反弹了回来，接着饮食恢复到了原先的状态；还有一种情况，由于恶性的节食，得了厌食症，轻者需要住院治疗，重者危及到自身的生命安全。

其实性欲与食欲一样，我们应当有个正确的认识。如果自己的孩子属于性敏感人群，那么家长需要做的，不是压制，而是正面的引导。这听上去似乎是老生常谈，但要求遇到早熟孩子的家长能够心平气和沉着应对的，仍然存在着具体操作上的难度。

在孩子10岁以前，对他的性萌动，家长可以当作他吃饭、喝水一样正常，不做任何的反应。这种处理方法，可以消除孩子对性的神秘感和罪恶感。

如果一个孩子在自我意识里把性萌动当成了一件再正常不过的事情，他就不会出现性焦虑。前者是身体的反应，后者是心理的反应，心理原因才能影响到学业，而生理上的只要得到了满足，就能大大减小其负面影响。

讲到儿童、少年性萌动的满足，主要是来源于自慰和臆想。这在以往的传统认识里，显然是“令人羞愧”甚至是“肮脏下流”的。但随着现代社会文明的进步以及科学观、生活观的改变，性萌动早已不像原来那么令人羞于启齿了。越是坦然面对，越是能够减少对于孩子身心的压力。如果度能把握好，就会健康的成长。反之，性敏感的孩子都有可能因为少年时期的性焦虑，导致影响一生的自卑和罪错。

对待这样的孩子，我们要宽容，要允许他自慰和幻想，甚至要创造机会给他，要他生理机能和心理机能方面得到双重的适应和满足。家长要有豁达的“时间观念”，要明白，就是生性再敏感的孩子，也不可能一天24小时都处在性萌动、性冲动状态。在一天的时光里，性萌动的时间累积起来，相对于24小时，仍然是短促的。也就是说，家长只要宽容地给他一些时间和环境，他就有可能解决好生理方面的问题。

成人与孩子解决性的出口完全不同，尤其是一个身体还未发育的孩子，他靠抚摸完全可以达到效果。另外，就是心理上的，在这个时期，他需要一个相对亲密、能玩到一起去的异性朋友，无论是男孩子还是女孩子，家长允许他们牵手、拥抱也许并不一定是坏事，这样可以舒缓肌肤上的饥渴。另外，作为家长，不要孩子过了五六岁以后，就很少有对孩子爱抚的行为，应该多拥抱孩子，让他感到温暖。父母的拥抱是解除孩子内心孤独感和恐惧感最好的良药，尤其是对计划生育政策下的独生子女而言。

可以这么讲，家庭里父母对孩子的爱抚，也可以间接地减弱孩子的性萌动，或者说是释放孩子的性萌动。过去的孩子，无论是男孩还是女孩，可能十四五岁了，还可以随意抚摸母乳，而现在的孩子早就没有了这种待遇，甚至连母乳都没吃上一口，是靠喝牛奶长大的。要不然也不会有小孩好奇地问："妈妈，你这里能挤出牛奶吗？"现在的孩子，物质富足了，而其他的方面却越来越缺失，犹如一株生长在商业和都市沙漠里的植物，除非把他变成仙人掌或者挪一挪水土，他才能生存得更健康。

放下传统的教育习惯

现代社会资讯发达，电视、网络、书刊所传递的信息根本无法实现"分级筛选"，因此，有些事情我们是无法隐瞒孩子的，最好的方法是让孩子知道、了解。继而对这个社会、对自身有着正确的认识和判断能力，包括让已经有自慰行为的孩子知道"自慰"是一种正常的生理反应。

可以说，许多人自慰都是无师自通，没有人教他，他照样会，只不过陪伴这种“自学成才”过程的，还有一个漫长的“心里惶恐”过程。他不知道这种能让自己排遣焦虑的方法叫作自慰，更不知道自慰是一种正常现象，幼小的生命可能会认为这是一种极度可耻的个人行为，而其他的人不会这样做。因为人们表面上看起来都是道貌岸然，他就会以为眼睛见到的就是全部，殊不知私下里，人有许多不为人知的所谓秘密。

孩子可能在不全面了解自慰的情况下，对这种行为有太多的曲解，甚至觉得自己一直这样做下去，可能会死。那么孩子就会陷在自责和死亡的双重心理压力下，由性引起的焦虑变成性格上的焦虑，从而影响到学习和正常的成长。

作为家长总是极度担心孩子的性意识，这种心理完全是一种社会习俗的熏染和沿袭，所有的中国家长都这样担心，当家长还是孩子的时候，他的父母也这样担心，所以他变成家长后也有着同样的担心。另外，这种担心的心理是一种内在的盲目和恐惧的心理。我们都知道，人们的终极归宿都是死亡，但是没有一个人愿意想到这个终点，但又有可能在遇到某些特殊事件的敏感时刻，对死亡反复产生恐惧和忧虑。这是人性的脆弱，唯一能够与之抗衡的，就是心理上的科学认知和坦然面对。

某些方面，作为高级动物的人要比所有的动物都高明和充满智慧，但智慧不应该成为我们的心理负担，性冲动、性萌动带有某些动物特性，我们要善于用智慧去加以缓解，而不是自己吓唬自己，上一代吓唬下一代。如果我们的一生都致力于把简单的事情弄复杂的话，那么这一生都会陷在恐惧的泥潭里不能自拔。

既然我们明白将来的归程，那我们就应当有一颗坦然而真诚的心，既然我们走过太多的弯路，经过太多的迷茫，我们作家长的就应该像智者一样来指导自己的孩子，而不应该重复地域、种族、观念的陋习。

尤其是照搬上一代的教育方式是最不可取的。我们有的时候觉得没在照搬，可出于习惯使然，已经和我们的父母教育我们时一样，去教育我们的孩子。

历史的车轮不断地转动，能跟得上潮流的人却只是少数，当我们潜移默化地向习惯屈服，也就是向习惯付出了所有。

中国的教育习惯就是坚决不允许孩子的性萌动，我们的打压也都是一种习惯，并不经过深思熟虑的。而现代西方社会的某些经验与观念，已经随着资讯的日益开放，全方位地影响着中国的青少年。这一现实使得家长对孩子的性教育任务更加艰巨，因此作为家长，我们是不是可以放下习惯，认真地想一想呢？

被性萌动困扰的孩子

如果处于性萌动期的孩子，能够得到成人平等地看待和交流，把性透明化，把性教育上升到一种学科教育，岂不是更加趋于教育的完善和文明的进步。青春期的叛逆，究其原罪，就是性萌动得不到排解的结果，青春期的躁动与狂热，用得好可以点燃理想的火种，用得不好，就像把自己的身上浇满了汽油自焚一样。建立在科学坦然态度上的性的透明化，可以让孩子安全而快乐地度过青春期，同时还能减少性罪错发案率。

饥饿感是孩子一出生就体会到的，而且是光明正大的需求，从父母那里可以得到满足。但是性欲，在一个人的少年时代是阴暗的灰色的湿漉漉的，仿佛一个多雨的春季。一个性敏感的孩子，可能在七、八岁就开始受到性的干扰，最初的性欲冲动既像个天使又像个魔鬼，在孩子纯净的童年里张牙舞爪、手舞足蹈。

有了性萌动的孩子就像被无形的魔鬼钳住了脖子，想逃却逃不掉，而这个魔鬼再幻化成天使来拯救孩子，当他第一次懂得通过自慰平息内心的火焰时，他是既羞怯又紧张，有一点点兴奋，但更多的是懊悔自责。他不明白自己怎么了？这一切都让他不明白，好像是内心里那个住着的魔鬼教他这么做的，他完全不懂这是成长的必然阶段，他凄凄惶惶，不可能与成人交流，偶尔有相知的同龄孩子，却和他一样懵懂。

在这种身体与心灵的重创中，孩子的学习成绩可能会一落千丈，原本乖巧懂事的孩子性格大变，焦虑、暴躁，莫名其妙发脾气，常流鼻血，口腔长期溃疡。如果一个十一二岁的孩了出现了以上这些状况，就说明他已经被性萌动扰乱了平静的童年。这时候能拯救他的不是自慰，而是来源于父母的指导与帮助、理解与包容。

与孩子谈性的技巧

作为家长，怎样在孩子遭遇天使与魔鬼并存的性欲冲动的时刻，给予孩子正确的教导和疏导呢？

有些家长充满焦虑和疑惑：即使我们做家长的想开诚布公地与孩子交谈，他们也不会轻易说出自己的秘密，因为在他看来这是可耻的。他绝对不会像饿了要求父母领他美餐一顿那么简单。这怎么办？

目前大陆的性教育，因为教育体制和传统习惯的潮流因素，以及“教师—学生”的对应关系，没有像“父母—儿女”那样更具备私密性和亲子性，因此孩子的性教育在目前状况下，还不能单纯依靠学校和教材。去年台湾推出了尺度大胆的性教育教材，非常的直观。可是大多数学生表示接受不了，害羞。性教育的责任一定要善于利用家庭疏导来完成。

与孩子谈性的问题，需要技巧。如果莽撞行事，只能把孩子推向更深的深渊。当然男孩子由父亲做这件事情更好，而女孩子这样的任务则应该交给母亲。

选择一个周末的晚上，在卧室里把孩子搂在身边。跟他讲自己小时候的事情,讲自己曾因为性萌动,而引发的苦恼与彷徨,完全不必问孩子这样尴尬的问题,“你是不是自慰了?”而且孩子绝对不会如实的回答,只是从自己的成长谈起,娓娓地告诉他一切身体的奥秘。让他感觉不是他需要了解,家长才这么说,而是让他觉得,父母只是在倾诉与交谈,就像父母给孩子讲小时候打架、淘气的事情一样自然。

的确,性是一件自然而然的事情,远远没那么复杂,如果一个人在童年阶段能有这样的认识,对他一生都是大有裨益的。

当然,这种交谈不是一次就能解决整个成长问题的。家长与孩子谈性,孩子的表现自然不会是千篇一律。羞怯型的孩子会一言不发,甚至会红着脸说:“妈妈,你跟我谈这些干嘛?我还小。”那么,做母亲(父亲)的,不要硬讲下去,而是先转移话题,让孩子有个心理能接受的过程。活泼、外向型的孩子可能会问家长许多问题,那么家长一定要完全地告诉孩子所知道的一切,消除孩子对性的神秘感,并对孩子温柔而大方地说:“以后有这方面的问题,尽管咨询。”

相信,如果父母能做到与孩子倾心沟通,孩子内心的焦虑自然而然地会化解,其实,性萌动对于一个没有性经验的孩子,完全可以通过自慰排遣,而重要的是心理关,只有心理上没有负疚了,那么孩子就可以健康成长。

不能逆天而为

处理好孩子童年时期的性萌动,那么到了孩子的少年时期,基本上来讲孩子安全成长的系数会非常高,但也不能忽视孩子随着观念和身体继续发育再次引起的心理上的裂变。通常,一个人的敏感度会随着年龄的增长而降低。在童年和少年阶段,是人最敏感和脆弱的时期,他对任何事物,包括性怀着最大的兴趣和好奇。孩子每一个阶段的成长,其实都隐藏着危机,可以说整个成长阶段,都是危险的阶段,稍有不慎,一个生命就会像碎掉的花瓶。这样讲,是因为初露的生命对所处的世界是敏感的,而这种敏感度同时又是危险度。

一个儿童可以通过自慰完全排解遗性焦虑，但是少男少女却不能完全依赖“自我”来单独解决性问题,从生理和心理的角度,他都需要异性。我们知道,孩子在十岁左右基本上是排斥异性而更容易和同性建立良好的友情,而二三年后,孩子对异性更感兴趣。

他想知道与自己性别不同的人身体是什么样的？每一个人在童年和少年阶段都有过可笑的性猜想,比如女生们之间会流传,男孩子也会来月经。因为女生们,把男孩子的遗精当成了与女生一样的生理现象,甚至认为他们遗精时也需要用卫生巾。对异性身体强烈的好奇会引发他们接触异性。

但这个阶段,家庭、学校基本上都会阻止男女生之间的交往,但也有少数的学校同意学生恋爱，比如一所外语学校的论坛，初二某学生问:“在校可以恋爱吗？”校长回帖:“可以。”只简单的“可以”二字,给了孩子相对自由的空间。

每一个成年人都曾经是叛逆少年,在十五六岁的年龄,特别不喜欢父母,那种不喜欢是前所未有的。这是因为,孩子的青春期往往与母亲的更年期撞到一起，母亲这个年龄萎缩的焦躁与孩子成长的焦躁产生了矛盾和冲击。

不允许孩子恋爱的学校和家长，并没有控制住少男少女们早恋的局面,允许孩子恋爱的学校和家长,或许孩子却不恋了。

我们都不能逆天而为,赤裸裸地谈性,对于一个少年是不可能的,但这个年龄由于生理的发育有赤裸裸的性需求却是真的。我们不应该将我们乃至我们先辈们的某些原本可以减弱甚至消除的痛苦，继续折磨着我们的后代。我们不应该“逆天而为”!

当孩子到了少年阶段，他们对爱情的向往，其实更多的是生理上的冲动而引发的心理上的需要，当性欲找不到出口时，孩子外在的表现就是叛逆。为人父母的，应该教他们分清爱和性。的确，爱和性有的时候是双重的，而有的时候却完全是两码事。我们不能为了性而爱，也不能为了爱而性，但是，或许只有把性从纯生理的表现上升到心理需求之后，快感才能成为快乐。成人概念的混淆，完全是因为少年时代教育的空白，面对新成长起来的少年，就得让他们全面了解爱与性，并允许他们与异性接触，允许他们谈论性。

只有这样，才会消除孩子的性焦虑，平稳度过青春期。

25.两性交往

轻松面对孩子的异性交往

孩子们的异性交往行为是心理断乳期的正常表现，也是为成年后社会关系与家庭关系的处理做一个铺垫和练习。女生渴望与男生交往，男生也渴望与女孩子做朋友，在这个问题上，整个家庭都为之紧张是无济于事的。与其堵，不如疏。孩子出去了，回家后问问他和谁玩去了是可以的，甚至可以巧妙和轻松地问他有异性朋友么？大家玩得开心不开心？还可以问一问为什么喜欢和某个异性交往，并帮孩子分析他有什么特别之处。孩子对交往异性情况汇报的诚实度，取决于家长与孩子之间的信任度。

11 岁的女学生嘟嘟的妈妈在孩子异性交往教育方面做得很好，我们可以做一下参考和借鉴。

嘟嘟向妈妈抱怨，高年级的几个男生每次看到她都会哄喊："嘟嘟、嘟嘟……"这让她感到很窘。妈妈解释说："那是他们喜欢你的表现呀，女孩子能得到男生的欣赏是因为你自己很有魅力，这是好事情。"从此以后，嘟嘟总是能从容而自信地从那几个喊着她名字的男生前面走过。

有一次，同班的男生送了嘟嘟一条手链，女生们都说那个男生别有用心，于是嘟嘟问妈妈，是不是要把手链还给男生？妈妈告诉嘟嘟，男生能送你手链，是对你有好感，无论你想不想和他做朋友，把手链还给他，对他都是一种伤害,如果你不想欠他什么人情,你可以回赠他礼物。

孩子对异性的态度,如何处理与异性之间的问题,的确在小学阶段就应该面对和教育了。小学阶段有意识地对孩子进行异性交往的培养,有助于孩子青春期平稳的过度。孩子除了学习外,会面对许多异性同学之间交往的困惑,如果我们在这方面抱之以宽容和指导的态度,对孩子的情商塑造大有益处,而且如果他不再为异性交往伤脑筋,也更容易将其精力用在学习上。

泛泛的浅交

孩子们表面上表现的对异性冷漠也好,热情也罢,内心里还是渴望有三五个异性朋友。哪个少女不怀春,哪个少男不钟情呢?不过,孩子与异性交往的人数越少,其实风险系数越高,一下子与某个异性确定很深的个人关系,交往分寸是不容易拿捏好的。青春期的冲动可能会突破某种防线,给双方的成长造成了一些不良的影响。

男女生之间互相欣赏,觉得对方很优秀,这都是正常的想法,欣赏别人是一种素养。

但是,孩子的观察力还停留在比较浅的层面,是不是真正地了解了呢?谁都不知道。所以,一定要告诉孩子不要轻易地就觉得自己喜欢上了谁,并把一颗心托付给对方。小孩子对感情真正了解多少呢?可能只是激情,这到底是不是真正的爱情?还只是稍深一点的友情?按成长阶段的心理发展程度和知识水平程度,很多东西孩子还不能正确的把握。

与异性之间选择泛泛的浅交,可能是孩子成长期更好的选择。每一个人都有他的缺点和优点,每一个人都有他独特的魅力,所以允许孩子与更多的异性浅交,取他人之长,补自己之短,同时也能分散孩子对某个特定异性的注意力,这既锻炼与孩子的交往能力,也规避了与单独异性交往的风险。做父母的，不在干涉孩子交往异性上着力，但可以把孩子一对一的异性友谊，往群体的交际与交流上引导，让孩子在集体的大环境里成长自己。

志趣的沟通

“我是男生，她是女生，所以我们不能走得太近，或者我们如果关系太近了，就是谈恋爱了。”如果孩子们把男生与女生的关系这样极端化、简单化的理解和处理，可能会忽视了与异性间志趣的沟通。

每一个人的兴奋点都不一样，悦擎提起篮球来神采飞扬，每次写《最喜欢的一件事》都离不开篮球；翔宇对军事喜爱得不得了，一有空闲就要研究他的军事武器，常常在下课后在黑板上画一个卡通战士；艾蒙则对机器猫情有独钟，连自己说话和走路都要模仿那只可爱的小蓝猫，如果有谁说他的体形和机器猫一模一样，他就会开心得直拍手……

孩子们如果找到了志趣相投的异性，可以聊一聊共同喜欢的话题，既增加了安全系数，也体验了一种幸福。安全是因为如果一个人有更多精神层面的要求，并能通过与要好的异性沟通把志趣升华，那么他就会减少成长期的性渴望和性萌动。就像成年人一样，如果他的爱好广泛，自然不会对性过分的关注，如果能找到与自己分享志趣的人，可能那种精神上的愉悦要超过身体上的快感，尤其对性还没有过体验的孩子，如果能让他的志趣在与异性的交往间得到升华，那么他可能会因为有三五个志趣相投的朋友，而降低了成长期的性风险。无论成人还是孩子，真正的幸福的体验只不过是心理的感受，而能带来这种美妙心理感受的，更多的是精神。物质营造的幸福可能是一种感官刺激和贪欲。幸福也许就是简单到有人分享他精神世界里至高无上的东西。

志趣可以转移孩子对性的好奇和渴望，家长引导孩子从志趣方面和异性交往，不失为一种良好的育儿方法。

身体的接触

孩子在与异性的交往过程中，难免要有身体的接触，我们可能会看到这样的现象：在放学的路上，一名女生和一名男生手拉着手；在快餐店里男生和女生紧挨在一起坐着，亲密交谈……牵手也好，拥抱也好，只要不太过格，只要考虑到空间因素（不是在教室里，不是在私人场所），我们应该容许孩子们与异性有身体上的接触，我们都可以回顾一下自己的成长阶段，偶尔与异性身体的短暂碰触，是那么的美好与怡悦，我们何不为孩子保留一些少年阶段美好的记忆呢？

这样讲不是纵容我们的孩子去尝试和体验性，诚然，异性之间涉及两性之间的敏感话题，尤其是没有第三个人在场时，尽量要回避，刚才所讲的牵手和拥抱当然是在人多的场合，而私下里，这样的举动可能会带来仓促和冲动的结果，也要告诉孩子尽量避免。

以上讲到的都是进入青春期，身体产生变化的孩子，而孩子在七岁以前，我们应该容许男孩子与女孩子有更亲密的接触，而且大多数家长也是这么做的。不过，我们不要以为太小的孩子什么都不懂，也不会思考，一些常识性的问题如果被家长忽视，可能会变成孩子的心病，困扰孩子多年。

迟书雁：我八岁那年，家里来了很多人，住不下，妈妈只好把我安排到邻居王姨家去住。王姨有个比我小三岁的男孩，她安排我和那个小男孩睡一张床，盖一个被子，我当时就老大不乐意，可是“寄人篱下”又不好意思说些什么，整个晚上我都很不安，而且此后那种“不安”伴随了我好多年，我以为和小男孩一个被窝睡了，就是失身了。有好几次我都想告诉妈妈，可是又不敢说，小小的我，就这样默默承受着“失身”带来的

折磨与痛苦。

成年后，常常把这件事当成笑话讲给朋友们听，在笑声中，童年的“痛苦”早就烟消云散了，我们用大人的眼光回顾，只能当作笑料，而小时候的感受确实是无穷无尽的折磨。我们是爱孩子的，任何一位家长如果知道了小孩子的内心很痛苦，都会于心不忍，只是因为我们的“粗心”和疏忽，就把孩子陷入到痛苦中，不是我们的初衷。

孩子什么年龄段，该怎样与异性交往，该如何把握与异性的身体接触，这些都要适时地告诉孩子，只有这样，才会减少孩子成长期的心理困惑和阴暗，让孩子健康而茁壮的成长。

早恋的必要

学生小沈的妈妈是一个开朗的女性，总是未见其人先闻其声，她在育儿方面，崇尚的是自然而健康的成长，她给了孩子很宽松的成长空间，同时又给孩子制定了很严格的标准。小沈明显要比同龄人成熟、懂事，有自己的观点。

“这小子，9 岁就会泡妞了！”她这样戏谑自己的儿子。

小沈读小学三年级那年，有一天他放学回家，手里捧着个软陶发卡给妈妈看，“妈妈，这是我捡的发卡，漂亮吗？”妈妈回答说：“好漂亮啊，是送给我的吗？”小沈赶紧把手缩了回去，“我要把它送给芳芳。”“好啊。”妈妈虽然心里挺醋的，但还是没让儿子看出妈妈其实很小心眼。第二天小沈放学回来，妈妈问：“把发卡给芳芳了吗？”小沈兴奋地说：“我送给她了，她说好漂亮啊，真的是送给我的吗？谢谢你。”妈妈摸了摸儿子的脑袋，“这小子，真会讨女生喜欢。”

转眼，小沈已经 13 岁了，总是趴在被窝里偷偷煲电话粥。妈妈心想：“坏啦，这小子可能真的开始谈恋爱啦！”妈妈的心忐忑不安，终于有一天,她的担心变成了事实,小沈把一名女生写给他的情书,落在了家里。妈妈看完了儿子的情书后,简直可以用“绝望”来形容当时的心情。好在她还算沉稳,没马上戳穿儿子,而是静观其变。两个月后,她发现儿子不再用被子捂着脑袋打电话了。于是问:“你的那个女朋友呢?”儿子惊讶地望着她说:“你怎么知道?我们分手了。”妈妈又问:“为什么分手呢?”儿子有点不好意思地说:“你别问了,很复杂,都能写一本书了。”妈妈释然,同时也悟出了一个道理,早恋远远没有想象中的糟糕和可怕。

这不,小沈第一次早恋,她没做任何的参与,自生自灭了。

小沈那句“都能写一本书了”的话,其隐含的含义做父母做老师的有没有细细体味呢,那是一个孩子成长经历中,饱含丰富性与认知性的一次尝试和测试。孩子们已经要被没完没了的测验、考试和连篇累牍的枯燥说教所窒息了,能在这种自由自在的个人体验中有所得,有所获,说明在恋爱的过程中,孩子也学到了书本里学不到的心得和体会。

既然孩子长大以后,注定要与异性接触,而且这方面也关系到一生的幸福,那么在他的成长阶段,就应该容许他与异性交往,这并不一定就会导致一个孩子变“坏”,而且还可能促进他的全面成长,让他的心里充满阳光。

至于尺度的掌握,家长要起到指导的作用。如果所有的家长都像小沈的妈妈一样,想必孩子与家长之间也不会有太多的秘密,他有什么问题一定会向家长请教,这比他一个人背地里瞎鼓捣要安全得多。

26.自我保护

自由是生命的本质

过度的保护孩子是在剥夺幼小生命的自由。各类组织机构、团体、家庭其实都是相对在限制人类的自由,我们已经有了这么多的桎梏,再在两性交往方面去怀疑和钳制孩子,他的自由与幸福从何谈起呢?

在远古年代,人类还没被过多的礼教束缚时,是很开化的,他们更容易得到幸福与满足,《诗经·召南·草虫》写道——

喓喓草虫,趯趯阜螽。未见君子,忧心忡忡。亦既见止,亦既觏止。我心则降。

陟彼南山,言采其蕨。未见君子,忧心惙惙。亦既见止,亦既觏止。我心则说。

陟彼南山,言采其薇。未见君子,我心伤悲。亦既见止,亦既觏止。我心则夷。

草虫叫着,舞着,见不到我的情哥哥,心里又愁又烦,能见到他,并依偎着他,烦恼和忧愁就会消减;爬到那南山岗上,说是采蕨苗采薇叶,其实是在等待眺望我的情郎哥哥,见不到我的情郎哥哥,心里正烦闷悲伤呢。当那个他来到了我的身边,一番缠绵缱绻。我那吊在半空中的心落了下来,甭提有多高兴了……这么一个火辣的女子!原始野性的气息扑面而来。

生活在现代社会的女性，大多数不会如此直白而热烈，我们现代人太崇尚文明礼教了，在变相压抑各种生理、心理的正常需求，把本来简单的、原始的东西复杂化，把生命淳朴的本色涂脂抹粉，然后由此滋生了那种本不应该有的变形和痛苦。

尤其是我们在教育孩子方面，一定都会软硬兼施甚至以恐吓的方式在孩子成长的阶段要求他拼命压抑和克制。个人认知与社会习俗抗争的力量是单薄软弱的，但是如果我们都意识到教育的某些弊端，多多少少尝试着积极地去改变一下自己养育子女的观念，是不是更具人性色彩，也向真正的文明与进步迈出了一小步呢？

自由是生命的本质，任何妨碍自由的东西都有产生副作用的可能，不管什么形式的限制，宗教或礼教都可能不是完善，更不可能是完美的。因此，如果为了孩子的安全，把孩子一生都圈养在牢宠里，并不是关爱和负责，而是对生命的戕虐和残忍。我们不能因为这种残忍在表现形式上并不惨烈和激烈就对其熟视无睹。一个孩子在今后漫长的人生道路上是否健康、是否阳光、是否乐观，和孩子童年时代的自由与天性的保护关系重大。一个在父母："你不听话，爸爸妈妈就不要你了，把你扔到大街上去"的随意恐吓中长大的孩子，注定了会对强权和威胁心有余悸。

责任心是男孩子的护身符

作为社会的人，越有责任心，才会越得到尊重，也才会得到较高的社会位置；一个散漫的、自我的人，他得到的绝对不是幸福，而是孤立和放逐。

在性方面，从生理结构来讲，男孩子的确比女孩子有优势，但是在这样一个风尚开化的年代，其实男孩子面临的风险系数并不比女孩子低。如果男孩子与异性发生性关系，他不会怀孕、不用堕胎，这是他的优势，但是当他致使对方的身心受到伤害，那么他就不是一个有责任心的好男人。

一位12岁的男孩的母亲，在知道儿子已经谈恋爱的时候，不无担心地告诉了老公。而她的老公语调轻松地说：“没事儿，咱们是儿子，又吃不了亏。”“那万一搞出事儿来怎么办？”男人满不在乎地说：“赔呗。”作为男孩子的家长，这样想的不占少数，认为自己的孩子万一把女孩子弄怀了孕，大不了赔钱了事。殊不知这种麻痹大意，埋下了祸根。

有不少少男少女因爱生恨，走向暴力极端，当社会舆论谴责施暴的一方时，还应该有所反思。当一个人没有责任心，他伤害的不仅是他人，最后往往把自己也搭了进去。

明明白白地告诉男孩子射精和受孕的关系，并告诉他如果这样做所带来的后果。更要告诉男孩子，该如何避孕，正确使用安全套、体外射精的方法及女生安全期的测算。如果每一个男孩子都能知道这些，这个世界会少发生很多悲剧。

近年，已经发生了好几起，十六七岁的女孩怀孕生子，又亲自杀死婴儿的案件。而这些案件所涉及的致使女孩子怀孕的男性，也都是处于青春期的孩子。有的男孩子，在女友生产的时候，早就吓得逃之夭夭了。这么没有责任心的男孩子，我们又能指望他成就什么大事业呢？他的行为所造成的恶果，想必对他的人生或多或少也会有影响。

男孩子的自我保护与女孩子是有区别的。女孩子大多数情况下由于生理的差别，她只能选择被动。而男孩子是主动的，那么对自己和他人的责任心，其实就是对男孩子自我保护最根本的教育。

安全不能系在“偶然”上

一位三十岁的女性，在博客上的心灵独白给我们的性启蒙教育带来了深刻的思索和启示。

我十一岁的时候，生理已经开始有了变化，接着学习成绩直线下滑。父母只是一再逼问我为什么考得不好？是不是贪玩？是不是上课不听讲？我在课堂上，是没有以前认真了，那扰乱我思绪的就是性，可以说我学习下降的罪魁祸首是性。我不明白我的胸前为什么微微凸起、不明白生殖器为什么变化。

这一切都让我恐慌，我以为自己得了不治之症。

有好多次，我都想让妈妈领我去看病，我以为我要死了。可是每次想吞吞吐吐地跟妈妈讲，又没有勇气。毕竟让一个十一岁的女孩子说出“阴道”这两个字，是非常艰难的。所以，我一直没有说，只是独自地承受着身体的变化，半年以后，我身体里沉睡的性欲苏醒了，开始不断地骚扰我，我无师自通地学会了手淫，当然，那个时候，我是不懂那种能让自己舒服的行为叫作手淫，我只是更害怕了，以为自己病得越来越重，以为自己是一个坏孩子。我由班里的第一名一下子降到了第八名。在杂志上看到过关于手淫的解释，可我又实在与自己的行为联想不到一起。整个生理和心理的成长阶段，我就是在这样的恐慌中度过的。

直到二十多岁，我仍然不明白性到底是怎么一回事。而那蓬勃的性欲，却一直纠缠着我，让我不得安宁。

我想，如果在少女阶段，我遇到了合适的土壤和人，我有可能会早早开始尝试和认识性，只是因为我没有遇到，这是偶然现象，如果遇到了也是偶然现象。那么另一种偶然，可能会产生很严重的后果……

我们不能把一个孩子的安全系在“偶然”上。

有好多孩子和这位坦然的女人一样，小学一年级到五年级学习一直不错，可到了六年级，一下子就下降了，那么做家长的，就要考虑到性教育的问题。我们不能把学科知识、人格塑造单独拿出来，这些教育之间是紧密相连的。

当我们看到孩子总像有什么心事,注意力不集中,抑郁独行,千万不要以为他在耍酷和反叛父母,这种外在现象很可能代表着他正在受着性的困扰。

这种情况下,如果家长不及时面对,不能对孩子进行正确的引导,已然是任孩子陷在一个危险的境地,他如果遇不到负面的外力,可能他会相对安全地在彷徨与焦躁中长大,可是一旦他遇到了合适的外界环境,很可能会走上一条偏狭的道路,比如女孩子的早孕,由于男孩子的不负责导致同龄女生怀孕,或者孩子被年长的成人诱骗等。

这些不安全因素的防御,除了让孩子完全了解性知识外,别无他法。

别把无知当纯洁

中国的家长,一直很注重孩子的饮食,好像吃得好,营养足,督促他学习就尽到了父母的责任。有一位女生的家长对说我:“雯雯每天六点钟就得起床,我觉得她好辛苦。可她对我说,妈妈,没事儿,把早餐做好就行了,早餐很重要啊。”

的确,早餐很重要啊,性教育也很重要啊!

女孩子的性教育,相对来说更复杂。首先是尊严的维护,要告诉自己的女儿,无论多么爱一个男孩子,都不能丧失自己做人的尊严。其实,小女孩是最容易被爱情冲昏了头脑的。她上学期间分不清学业与爱情的关系,那么工作以后,就调节不好爱情与工作的关系。要告诉她,自己的前途永远比爱情可靠。如果一次失恋,那是因为双方不合适,我们自己努力学习,让自己变得越来越优秀,那么就会有许多异性仰慕你。我们要鼓励女孩子与异性交往,而不是阻止。这也是锻炼她飞翔的一种方式。

爱她,就把她放到更广阔的蓝天上吧。

女孩子的生理结构复杂,过去的很多女性,到了二十岁还没弄明白自己的身体是正常的,现在这些人都当了母亲。令人悲哀的是,她们中的一部分没意识到过去的愚钝,却把对性的无知当成了一种纯洁。

现代社会,让孩子保持这种"纯洁",无疑把她推到了悬崖边,只要有个风吹草动,就能把她摔得鼻青脸肿。

做母亲的,当女孩子已经到了十二三岁的年龄,就要明明白白告诉她女性的整个生理构造,什么是两性之爱?什么情况下可能怀孕,并告诉她避孕的方法,只有这样孩子才能做到自我保护。

我们告诉孩子,不是纵容孩子过早的性行为,而是她有权力知道。

犹抱琵琶半遮面的性教育时代应该结束了。

27.自然的生活

代劳的害处

文禹读小学六年级,是一个高高胖胖的男孩,乍看上去,一脸的倨傲。说话总是很简短,能用一个字表达清楚的事情,绝不用两个字。

“你坐过大巴吗？”我问他。

“没有。”

“那你从小到大都是爸爸开车接送你吗？”

“是。”

“能不能试着自己上学放学?”

“不能。”

“为什么？”

“没空。”

……

小男孩很少有笑容,即使是笑,看起来也似乎是一种冷笑,或者一种近似商业化的笑。他不喜欢动弹,课间休息的时候,想把他拉出去做游戏,简直比登天还难,他宁愿一个人坐在椅子上发呆,或者叫思考吧。

他的父亲是我见过的最关心孩子的父亲,他工作再忙,也都要亲力亲为,我真为这位父亲感动呢！可是文禹并不感动,甚至有的时候会出现厌烦的情绪。

我们大人会觉得这个小孩子身在福中不知福。可站在他的角度来讲，他从小一直都是这样生活的，没有比较，他又哪里知道父亲的好呢！

父亲给了他优越的物质生活，给了他父爱，同时也把他养成了笼中的鸟儿，虽然父亲是希望他将来变成雄鹰的。他仅仅给孩子展现的是自己的一方天空，而不是广阔的蓝天。在这种极端的呵护和教养下，孩子常常被一种无形压力所笼罩，孩子经不起风雨的洗礼，也势必让他变得看起来似乎很麻木，因为他的生活圈子虽然物质富足，但却是单调乏味的，每天的上学、放学路程，都是私家车接送，孩子是相对的安全，同时孩子也失去了挤公车、步行、接触平凡社会的生活体验。

在孩子成长的过程中，我们总是尽量地让他所处的环境简单化、安全化，但是这种刻意的安排会使孩子对真实世界的认识产生偏差，继而变得木然。现在的小孩子已经越来越不会感动了，当大人在抱怨这些的时候，也应该反省一下，这是不是我们自己种下的恶果呢？

我们不能去怪罪他的父亲，盲从和无耐的选择是环境使然。在城市里，不仅是文禹的父亲，甚至可以说每一个做父母的都为了让孩子少受点累，把更多的事情用在学习上，而代劳孩子应该承担的责任。

这种代劳是发乎于爱，而这样的爱却像瓮，变成了一种伤害和束缚。容易让孩子变成一个少有热情和乐趣，不知道生活真相的人。他不知道生活的酸甜苦辣，所以也就“麻木不仁”，让孩子们写父亲、母亲，他们觉得没什么好写的，写自己生活的城市，他们觉得没什么好写的，写让他们感动的一件事，大多数孩子会说没有。

这一切都可以轻易得到，还有什么值得珍惜和感动的呢？

把孩子放到自然的生活中，我们少一些担心，孩子多一些游戏和运动，他可能就会找回感动、懂得感恩。

当我们越来越崇尚自然的、绿色的食品的同时，也应该崇尚一种自然的“绿色生活”。

文明的羸弱

现在的社会,胖孩子比比皆是,“三高”越来越低龄化。其实都是我们的生活方式造成的。

家长太注重孩子的智力发育，孩子的课余时间都被学习占满,运动似乎被剔除了,童年的娱乐只剩下了电视和电脑,再就是各种电动玩具。

大多数的孩子都越来越习惯于“以车当步”,造成摄入多、消耗少的现实,造成身体上的肥胖在所难免。过度的肥胖,使我们离健康越来越远。

谈到运动,我们想的就是健身房,是一些竞技项目,实际上,运动在生活中是无处不在的，只是我们用现代的生活理念和方式一不小心把自然的运动弄丢了。

开着车去健身房健身,是很普遍的现象,今天的人们真的越来越注重健康,可是这种注重多少却有一点病态和无奈的成分。

中国人口众多,城市化的进程使绿地的空间越来越小,住花园小区的还好,对于住公寓的人们来讲,即使想进行户外运动,也找不到适合的场所。

我们的生活越来越缺少自然的游戏。

多少年来,我们已经习惯了楼房里的生活,已经习惯把学习、吃饭、运动等都上升到一种理论高度,都来个规范,似乎只有偶尔,才会想一想过去的人居是有着前院后院的,上学或上班,往往也要走上个三、五里，可现在这些基本全被取代了，有几个家庭能住在拥有庭院的别墅呢? 有车坐,有谁还会步行呢? 即便还没有私家车,也会乘大巴。步行成了稀罕事,我们在跑步机上,才会跑步和步行呢。我们只能打乒乓球、打篮球、网球、高尔夫球……而跳绳和踢毽子、滚铁环和官兵捉强盗是多么“不够高雅”啊。

我们太文明了。文明得失去了生命的某些野性,不知道有的时候文明是否会令人类在体能上变得羸弱?

过度文明对孩子的生长发育也是有限制的，尤其是创造力和独立的思考能力。当我们把生活都画成了田字格,去规矩孩子的一切,那么,给他一片原野,他还会奔跑吗?给他一方天空,他还会飞翔吗?给他一条宽阔的河流,他还能泅渡抵达彼岸吗?

这就是我们的生活,我们身陷其中,觉得理所应当,可是一旦抽出身来,冷眼旁观,就会觉得我们人类的生活方式其实越来越怪诞和不可理喻。

我们不应该忘掉,人类由猿变成人,直立行走起着决定性的作用;更不应该忘掉劳作使我们人类越来越有智慧,身体的强健和智慧是密不可分的,头脑简单,四肢发达是一种谬传,越是身体健康,智力则越能得到发挥,也越容易取得成功。家长通常只有在孩子进学校念书之后,才真正感受到什么叫“德、智、体”全面发展,因为在学校学习出类拔萃的学生,大多都是发展全面的学生,他们不但成绩好,并且更热衷于学校各种社交活动和公益活动,在体育方面、艺术方面往往也有过人之处。

快乐的游戏

孩子缺的不是规矩,是自然的状态,是融入生活中的运动。

孩子们在学校里学习基础知识的时候，必须遵守学校所有规章制度,在学校接受老师启蒙教育的时候,必须接受老师的管束和批评。这对生性好动的儿童来讲,多多少少是有些不自由、不自在的。那么在学

校以外的时间,家长更应该让他相对的放松。

迟书雁:子荐是一个活泼好动的小男孩,他告诉我,学校的课间活动和体育都超级郁闷,因为老师只容许同学们玩几种没有肢体接触和危险的游戏,学校和家庭都怕孩子危险,都在刻意地营造一种相对安全的氛围,连游戏都成了危险,那么我们人类还有什么勇气可言?

其实回忆我们小的时候,谁没有玩过危险的游戏呢?我们都活了过来,毕竟意外占极少数,我们不能因噎废食、因“危险”而废弃了“户外游戏”。

子荐很喜欢听我的课,就是因为下课可以到教室后面的小花园玩。冬天的时候他和几个小伙伴与我一起打雪仗,我在与学生一起玩的时候是不讲“师道尊严”的,他拿了一块很大的雪块砸我,我回掷他,还和同学们在雪地里追逐扭打。每每这时,子荐都会哈哈笑个不停,可以看出,他玩得痛快极了。

大冬天的,孩子们都冒了一身汗,上课的时候,子荐和泽宇强烈要求把窗子打开,我同意了。等子荐的妈妈来接他的时候,一进教室,看见居然开着窗户,忙不迭地把窗子关上,说:“这可不行,孩子会感冒的!”其实,这并不是他们第一次在冬天里开着窗户上课,只是没被家长看见罢了。孩子远没有我们想像中的娇弱,子荐和其他的同学没有一个因为开了窗而感冒的。

孩子们最喜欢玩一种抓老师的游戏,他们分成三伙,抓我这个老师。他们是有战略步骤的,从三面围攻我,而我就想尽办法藏到小树和亭子后面。其实,游戏的过程中,孩子们也需要动脑子和锻炼指挥协调能力的。

他们经常跑得气喘吁吁,满头大汗,这样的游戏和跑步、打球一样充满乐趣,如果家长也能抽出时间陪孩子做这些看似简单的游戏,其实是非常有助于孩子成长的。

活泼好动才是孩子的天性，现在的小孩和我们小时候比起来，已经够少年老成了。我们不能再变本加厉，对他们的管束不应该超过我们的儿童时代。适当地陪他们玩一玩，不要一张口就是学习，那会让孩子觉得生活单调和乏味。更不要过早地把运动变成一本正经的事儿。你让一个小孩儿出去跑 5 000 米，他是不乐意的，不过如果你陪着他玩，他可能不自觉地就完成了 5 000 米的距离。

在这个到处是高楼大厦的都市社会里，我们做父母的，可不可以给自己的孩子找到一方户外游戏的地方呢？其实，只要想找，总是可以找到的。就像幸福和快乐一样，只要我们用心，只要我们不那么功利，一定会拥有的。

闭上眼睛，或许我们常常会听到淋淋漓漓的雨声，会看到一个快乐的孩子穿着妈妈的大拖鞋，在泥泞的土路上踩出一个又一个脚印，然后看着盛满雨水的脚印哈哈大笑，那笑声成了恒久的，关于幸福的回忆……

我们应该在都市混凝土中贴近大自然，在乡村田野间胸怀全世界。

28.生活的杂事儿

对孩子狠一些

莫泊桑笔下的玛蒂尔德，既是个虚荣的女性，身上又有着真善美的一面。读罢《项链》这篇小说，我们更多的可能是对玛蒂尔德抱以同情的态度，如果没有那次舞会，如果不去借那挂项链，而是接受他的丈夫路瓦栽先生的建议，在头上戴几朵鲜花，她就不会过十年债务缠身的劳苦日子，把一双玉手磨糙，和菜贩讨价还价……变成一个十足的劳动阶层的女人了。

生活就是这样，如果我们在成长的过程中缺失某方面的教育，成年后就会付出沉痛的代价补上这一课。

范范出生在一个普通的工人家庭，她的父母非常爱她，从小到大，她一点家务都没做过，一双手白白嫩嫩。19 岁那年她顺利地考上了大学。毕业后，又进了一家知名的外企做秘书。

1997 年，范范的月薪已经达到了一万，周一到周五，她每天穿着几千元的职业装上班，周末她又会把自己打扮得漂漂亮亮去泡吧。这样的工作，让范范的许多同学羡慕不已。可三年后，范范的选择却令同学们大跌眼镜，她辞职了，开了一家快餐馆。

放弃这么高薪的工作，范范的确有勇气，可是仔细想一想，与其说是勇气，不如说是对生活浅显的认识而做出的一种草率决定。小饭馆的经营杂七杂八的事儿特别多,远远没有范范想得那么简单。

采购、后厨、前台……把范范忙得团团转,由于范范不懂饮食行业的经营,苦苦支撑了一年后快餐店倒闭了,范范开始四处应聘,她终于明白了生活的不易,几年以后,她也像玛蒂尔德一样在困顿的生活中,找到了生命的答案并重新获得了事业上的成功。

如果范范的父母在她小的时候,就能让她除了学习以外,多承担一些家务,在家庭的琐事中去体会生活,或许范范就不会做这么一个错误的选择,我们吃别人做好的饭和自己做饭吃的感受完全不同,饭来张口、衣来伸手的童年生活,说不准会给成年后带来哪些影响。

简单化的成长过程,会让一个人在选择的时候比较偏激,不善于客观冷静地处理问题。

更令人担忧的是,我们的思想和观念常常会受到所处年代和大环境的影响,也就是人们会不自觉地随了大流儿。这种现象,不能怪我们做不到吾日三省吾身。

我们在尘世间生存有挣扎、有麻木,有痛楚,有孤独,有七情六欲,有乱七八糟的杂事儿,这就是生活,物欲与精神混杂在一起,谁也战胜不了谁。

当孩子还小时,做父母的更多的是让孩子学习和玩耍,并不忍心也不放心让他承担家务。过去的中国,读书人是不做家务的,把读书当成了至高无上的追求,唯一通达的道路。这种文化的沿袭,直到今天仍没有多大的改变。家务事儿,仿佛理所应当是家庭主妇做的事情,家庭其他人员做,都得加上一个"帮"字,小孩子更是这样,他认为学习是分内的,不管学得好与不好,而家务事儿与他无关。

小彼德是一个商人的儿子,有时他到爸爸做生意的商店里去,爸爸会派他做一些杂事儿。有一次,他忽想闪现出一个想法——他觉得他的工作应该得到报酬,于是他给管账的母亲开了一份账单。

取回生活用品	20 芬尼
把挂号信寄往邮局	10 芬尼
在花园里帮助大人干活	20 芬尼
彼得一直是个听话的好孩子	10 芬尼

共计:60 芬尼

母亲看到后,也给彼得开了一份账单:

为在她家里过的十年幸福生活	0 芬尼
为他十年中的吃喝	0 芬尼
为他在生病时的护理	0 芬尼
为他一直有一个慈爱的母亲	0 芬尼

共计:0 芬尼

小彼得读完母亲的账单后,感到羞愧万分,把已经从母亲那里得来的 60 芬尼又小心翼翼塞回了母亲的上衣口袋。

我们中国的家长,当鼓励小孩子干活时,或许有的采取过付报酬的方式,那是他应该做的,必须让孩子明白这一点。如果爱自己的孩子,就应该对他"狠"一些,要知道当他长大后,并不会有人对他像父母一样仁慈和谦让。

孩子与父母之间的怨恨

有些收入微薄的父母,省吃俭用,也要让孩子过得幸福,他们所指的幸福是物质上的充盈,尤其是教育方面,中国的父母是穷什么也不能穷教育的。

在城市,一个月收入 2 000 元的家庭,也会安排孩子读各种课外班,教育孩子的费用会占去家庭大部分的开销。这样做,父母并不是毫无怨言，他会给孩子施加无形的、有形的压力。在这样的重负和压力下，孩子若能培养出对学习的乐趣还好，如果体会不到，就会出现严重的逆反心理并加深与父母之间的隔阂甚至导致某些怨恨情绪的产生。

好几个学生都对我讲过恨自己的父母，或者是对父母不满。诚然，怨恨父母的现象不仅存在于收入窘迫的家庭，也有中、高收入的家庭。做父母的，如若知道自己的孩子背后里说恨自己，甭提多心酸呢！其实，这不是父母爱得不对，而是爱得过分，爱得太讲究结果和回报所致。

因此，千万不要把孩子的"恨"当真，他只是觉得自己被大人忽视了。

这种"忽视"是一种心理上的忽视。我们大人可能很多时候都不会从一个小孩子的角度去考虑问题，对待自己的孩子也常常带有一种强迫性，也就是说我们的爱是带有一定强迫性的。那么孩子内心深处真正的想法就会得不到理解，从而与父母之间产生隔阂。10岁以上的孩子与父母不和的比例很高。究其原因，与孩子简单的生活不无关系。

孩子每天都是在上学、放学，少量时间的消遣，他对真正的生活是不了解的，父母的心理他们更不懂，在很多小孩子眼里，父母都是一手遮天的人物。

迟书雁：我班上有个叫文禹的学生，他的父亲看起来很温和，可他却说："爸爸表里不一，在家里非常凶，经常打他。他以后一定不做爸爸那样的人。"这让我非常吃惊，那位看起来温文尔雅的父亲怎么也和家庭暴力联系不到一起。

可这却是一个残酷的事实，我们不能说文禹的父亲不爱他。那种爱，可以说是一般的父亲做不到的，作为一名事业有成的商人，他每天都要开车接送自己的爱儿上学放学，每天晚上都推掉所有的事务，在家里看着儿子学习，由此可见父亲的爱子之心。

这让我想起另一起事件，山东青岛一个小男孩被父亲用电视改造成的刑具严重烫伤，而这位父亲面对媒体言之凿凿地说是天下最好的

父亲,而小男孩选择了缄默,虽然他满脸的委屈。

文禹与父亲的症结在于,父亲对孩子的要求非常高,望子成龙。可在教育方法上却不得当。钢琴家朗朗幼年时因为练琴不刻苦,被父亲逼着要自杀。这种极端的例子,在很多媒体的版面上,竟被当作一件值得夸耀的事例来宣传,可见中国传统中"不打不成才"的观念不仅根深蒂固,而且具有普遍性。

孩子挨了打,大部分都是记仇的,我想没有谁被揍了一顿还感恩戴德。

另外,气急之下,盲目的打与骂并不解决问题。文禹的成绩还是可以的,在五十人的班级名列第十。当他的成绩没有满足父亲心中的标准线时,父亲就会拳脚相加,却不认真地看看文禹的卷子,分析到底错在哪里了,怎样改正。如果把改卷子的事情完全交给学校的老师,我们是要失望的。这个工作只得由家长担负,可家长一生气,并没有把心思放在解决问题上,而是打骂孩子。打完了、骂完了,卷子错误没人更正,父母和孩子都怄了一肚子气,下次遇到还是错,一直都在恶性循环。

这样的家长并不占少数,萧寒的妈妈拿了只打 67 分的语文卷子给我看,当着萧寒的面,就说了一大堆对孩子不满的话,孩子的脸上已经挂不住了,她还是没完没了。我把她请到外面,和她谈了很久。

"如果两个人当着你的面数落你,你会是什么感觉?"她不好意思地说,"是会很生气啊。"孩子也是人,我们需要给他留面子。另外,泛泛地批评他,说了那么多,却不帮孩子分析和修正错在哪里?那么这谩骂的用处只能是零,甚至是反效果。

当孩子做错的时候,或者我们要求他更进步的时候,一定要帮他找到方法,以孩子的阅历,能清楚地意识到自己的不足是困难的,我们大人再一顿斥责咆哮,那么孩子就更蒙了。

父母与孩子之间的隔阂就是因为这些看起来微不足道的小事产生的,而且越积越多,归根结蒂,其实是不能互相理解,一方面父母承担着生活太多的重负，一方面孩子的学业压力大得没有其他的娱乐。双方都感到委屈，又都不能冷静地换位思考。如果做父母的不希望孩子继续“恨”自己，就先狠下心来，让孩子承担一些家务和劳动。让他体会一下生活的滋味儿。这样小孩子才会明白原来和琐碎的生活比起来，无忧无虑的学生时代是一生最幸福的时光了，这样他对父母的恨意自然也会消除。

教育不是父父子子

迟书雁：有一位做过多年老师的朋友，教过我怎样对付学生。她说：“如果学生把你问住了，你就打哈哈，或者说这都不明白！自己好好寻思去。”我当时没有反驳她，但是我不会采纳她的方法。别看我教的是小学生和初中生，但还真被学生问住过两次，一次是朱元璋怎么死的？一次是雨果的《为了同胞而献身》里面的阿尔威船长是不是法国人？我当时就告诉他们老师也不知道，但可以回去查阅资料，下次一定给你们一个满意的答复。

可能很多大人并不愿意在孩子面前暴露自己的无知，其实大人虽然扮演着教导和监护的角色，但面对浩渺的宇宙，我们又知道多少呢？恐怕我们连这个世界的亿万分之一都未参透。我们可以无知，但不能惧怕自己的无知。遮丑只能使自己越来越丑，相反，把丑在朗朗的阳光下剖析和重组，很可能会因为光明正大变成了一种美。

因为我的真诚，我渐渐获得了大多数孩子的信任。他们跟我说话也常常无所顾忌。

有一次，我对翔宇说：“我以前的脸也像你一样粉嫩。”翔宇盯着我的脸看了半天，“那现在老师的脸怎么有点黄？”“你没听过黄脸婆这个词吗？”我反问，然后我们哈哈大笑。

老师和学生，家长和孩子之间的关系是对等的，大多数情况下，我们忽略“尊”与“不尊”的问题是不是效果会更好？

如果平等和仁爱在育儿过程中无处不在，我们的孩子心中一定会充满阳光和力量。

给孩子创造感动的机会

当我们在孩子面前还原真实的我，那以后我们与孩子之间也就不会再有距离、不再有恨。翔宇的父亲工作很忙，有好几次我要翔宇写关于父亲的文章，他都说没什么好写的，一拖再拖。因为在他的眼中父亲可能只是一个符号。

一件小事情却改变了翔宇与父亲的关系。

一天晚上，翔宁的父亲很晚回家，看得出他很疲惫，于是主动要求帮父亲洗澡。在狭促的浴室里，他发现父亲原本黝黑的头发里夹杂着些许的白发；发现父亲额上的皱纹竟像战壕一样深；发现父亲的眼神里有着与自己一样的纯真……父亲并没有说什么，但是翔宇却深深地理解了一个中年男人所肩负的责任。

他在写《给父亲洗澡》这篇作文时，差一点落泪，唏嘘着写下了结尾：“我伏在爸爸的身边睡着了，梦中，他是那么年轻，牵着我的手，走在乡下雾气氤氲的小路上……”

谁说孩子不会感动？

是因为我们没给孩子创造感动的机会？

谁说孩子不理解父母的疾苦？

是因为我们给他们造了一个过于简单的窠臼。

我们真的爱孩子，就让他参与到生活中的杂事儿中来，让他知道生活就是这样细碎、庸俗和烦琐。